细看图纸巧做安装工程造价

工程造价员网
张国栋 主编

中国建筑工业出版社

图书在版编目（CIP）数据

细看图纸巧做安装工程造价/张国栋主编. —北京：
中国建筑工业出版社，2016.5
ISBN 978-7-112-19431-5

Ⅰ. ①细… Ⅱ. ①张… Ⅲ. ①建筑安装工程-建
筑造价 Ⅳ. ①TU723.3

中国版本图书馆 CIP 数据核字（2016）第 098446 号

该书主要以《建设工程工程量清单计价规范》GB 50500—2013、《通用安装工程工程量计算规范》GB 50856—2013 与部分省市的预算定额为依据，主要介绍了通用安装工程工程量清单计价的编制方法，重点阐述通用安装工程分部工程工程量清单编制、计价格式和方法。内容包括通用安装工程工程量清单计价、通用安装工程定额计价、通用安装工程常用图例、通用安装工程图纸分析、通用安装工程算量及工程量清单编制实例、通用安装工程算量解题技巧及常见疑难问题解答等六大部分。为了适应建筑工程建设施工管理和广大建筑工程造价工作人员的实际需求，组织了多名从事工程造价编制工作的专业人员共同编写了此书。以期为读者提供更好的学习和参考资料。

责任编辑：赵晓菲　朱晓瑜
责任设计：李志立
责任校对：党　蕾　李美娜

细看图纸巧做安装工程造价

工程造价员网

张国栋　主编

*

中国建筑工业出版社出版、发行（北京西郊百万庄）
各地新华书店、建筑书店经销
霸州市顺浩图文科技发展有限公司制版
北京市书林印刷有限公司印刷

*

开本：787×1092 毫米　1/16　印张：10¾　字数：265 千字
2016 年 9 月第一版　2016 年 9 月第一次印刷
定价：**28.00 元**
ISBN 978-7-112-19431-5
（28647）

编写人员名单

主　编　张国栋

参　编　郭芳芳　马　波　邵夏蕊　洪　岩
　　　　赵小云　王春花　郑文乐　齐晓晓
　　　　王　真　赵家清　陈　鸽　李　娟
　　　　郭小段　王文芳　张　惠　徐文金
　　　　韩玉红　邢佳慧　宋银萍　王九雪
　　　　张扬扬　张　冰　王瑞金　程珍珍

前　言

　　为了推动《建设工程工程量清单计价规范》GB 50500—2013、《通用安装工程工程量计算规范》GB 50856—2013 的实施，帮助造价工作者提高实际操作水平，特组织编写此书。

　　本书主要是细看图纸巧做算量，顾名思义就是把图纸看透看明白，把算量做得清清楚楚，书中的编排顺序按照循序渐进的思路一步一步上升，在通用安装工程造价基本知识和图例认识的前提下对某项工程的定额和清单工程量进行计算，在简单的分部工程量之后，讲解综合实例，所谓综合性就是分部的工程多了，按照专业的划分综合到一起，进行相应的工程量计算，然后在工程量计算的基础上分析综合单价。最后将通用安装工程实际中的一些常见问题以及容易迷惑的地方集中进行讲解，同时将经验工程师的一些训言和常见问题的解答按照不同的分类分别进行讲解。

　　本书在编写时参考了《建设工程工程量清单计价规范》GB 50500—2013、《通用安装工程工程量计算规范》GB 50856—2013 和相应定额，以实例阐述各分项工程的工程量计算方法和清单报价的填写，同时也简要说明了定额与清单的区别，其目的是帮助工作人员解决实际操作问题，提高工作效率。

　　本书在工程量计算时改变了以前的传统模式，不再是一连串让人感到枯燥的数字，而是在每个分部分项的工程量计算之后相应地配有详细的注释解说，让读者结合注释解说后能方便快速地理解，从而加深对该部分知识的应用。

　　本书与同类书相比，其显著特点是：

　　（1）实际操作性强。书中主要以实际案例详解说明实际操作中的有关问题及解决方法，便于提高读者的实际操作水平。

　　（2）通过具体的工程实例，依据定额和清单工程量计算规则把建筑工程各分部分项工程的工程量计算进行了详细讲解，手把手地教读者学预算，从根本上帮读者解决实际问题。

　　（3）在详细的工程量计算之后，每道题的后面又针对具体的项目进行了工程量清单综合单价分析，而且在单价分析里面将材料进行了明晰，使读者学习和使用起来更方便。

　　（4）该书结构清晰，内容全面，层次分明，针对性强，覆盖面广，适用性和实用性强，简单易懂，是造价者的一本理想参考书。

　　本书在编写过程中，得到了许多同行的支持与帮助，在此表示感谢。由于编者水平有限和时间紧迫，书中难免有错误和不妥之处，望广大读者批评指正。如有疑问，请登录 www.gczjy.com（工程造价员网）或 www.ysypx.com（预算员网）或 www.debzw.com（企业定额编制网）或 www.gclqd.com（工程量清单计价网），或发邮件至 zz6219@163.com 或 dlwhgs@tom.com 与编者联系。

目　　录

第1章 通用安装工程工程量清单计价

1.1 工程量清单计价简述

工程量清单计价：招投标实行工程量清单计价，是指招标人公开提供工程量清单，投标人自主报价或招标人编制标底及双方签订合同价款、工程结算等活动。《建设工程工程量清单计价规范》GB 50500—2013明确规定，依照工程量清单和综合单价法，由市场竞争形成工程造价的计价模式与方法，称为工程量清单计价。

随着经济技术的快速发展，我国的建设工程计价模式也在逐渐由定额计价向清单计价转变。所谓工程量清单计价，是指按照招标文件中的相关规定，确定完成工程量清单所列项目所需的全部费用，包括分部分项工程费用、措施项目费用、其他项目费用和规费、税金（即工程造价计价）。工程量清单计价就其项目单价的费用组成而言，按《建设工程工程量清单计价规范》GB 50500规定，工程量清单应采用综合单价计价的方式。工程量清单计价就其计价的用途而言，包括施工图预算、招标标底（招标最高限价）和投标报价、竣工结算等全过程计价。标底和报价编制的依据（社会平均价格和工程个别价格）和程序有所区别。

1.2 工程量清单计价组成及特点

1. 工程量清单计价组成

工程量清单由分部分项工程量清单、措施项目清单和其他项目清单组成。分部分项工程量清单表明拟建工程的全部分项实体工程的项目名称和数量。一般以项目名称为主体，考虑该项目的规模、型号、材质等特征要求，结合拟建工程的实际情况，使其名称具体化，能够反映影响工程造价的主要因素。

措施项目清单是指除了分部分项工程以外，为完成该工程，发生于该工程施工前和施工过程中技术、生活、安全等方面的非工程实体项目。

其他项目清单是指除了分部分项工程和措施项目外，该工程施工时可能发生的其他项目。

2. 工程量清单计价特点

与定额计价法相比，工程量清单计价方法具有如下特点：

（1）实体性消耗与非实体性消耗分别计价。工程量清单计价是将实体性消耗与非实体性消耗分开计价。实体性项目采用相同的工程量，由投标企业根据企业定额、消耗水平、技术专长、材料采购渠道、管理水平等自主填报单价。非实体性项目报价由投标人统筹考虑，精心选择施工方案，并根据企业定额合理确定人工、材料、施工机械等要素的使用与配置，优化组合，合理控制现场费用和施工技术措施，充分体现工程报价的个性化和竞争性。

（2）计算规则综合性。工程量清单项目的划分，一般是按一个综合实体考虑，包括多项工程内容，据此规定的工程量计算规则与以前按单一工程内容的特点规定的工程量计算规则有很大不同。

（3）满足竞争的需要，提供了一个平等的竞争条件。发包人给出工程量清单，投标人去填单价，填高了中不了标，填低了又要赔本，这就体现出了施工企业技术、管理水平的重要性，形成了企业整体实力的竞争。各投标人根据发包人提供的清单，结合自身实力来填不同的单价，不存在因各种原因计算出的工程量不同、报价相去甚远的问题。

（4）有利于工程款的拨付和工程造价的最终确定，并且有利于实现风险的合理分担。投标人填报的综合单价是中标后发包人拨付工程款的依据。发包人根据完成的工程量，可以很容易地确定进度款的拨付额。工程竣工后，再根据设计变更、工程量的增减乘以相应单价，发包人也很容易确定工程的最终造价。采用工程量清单报价方式后，投标人只对自己所报的成本、单价等负责，而对工程量的变更或计算错误等不负责任；这部分风险则由发包人承担，符合风险合理分担与责任权利关系对等的一般原则。

（5）有利于发包人对投资的控制。发生设计变更时，发包人能马上知道该变更对工程造价的影响，这样就能根据投资情况来决定是否变更或进行方案比较，以决定最恰当的处理方法。

1.3 工程量清单计价流程

（1）招标文件中列出拟建工程的工程量表，即工程量清单。

（2）企业自主报价。

（3）合理低报价中标。

（4）签订工程承包合同。

（5）施工过程中一般调量不调价。

（6）业主按完成工程量支付工程款。

（7）工程结算价等于合同价加索赔。

（8）以相关保函制度作为实施条件。工程量清单流程如图 1-1 所示。

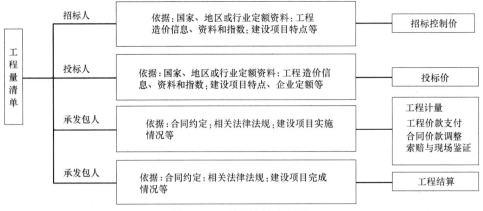

图 1-1 工程量清单流程图

第 2 章　通用安装工程定额计价

2.1　定额计价简述

定额计价是指根据招标文件，按照国家建设行政主管部门发布的建设工程预算定额的"工程量计算规则"，同时参照省级建设行政主管部门发布的人工工日单价、机械台班单价、材料以及设备价格信息及同期市场价格，直接计算出直接工程费，再按规定的计算方法计算间接费、利润、税金，汇总确定建筑安装工程造价。

定额计价法基本特征就是价格＝定额＋费用＋文件规定，并作为法定性的依据强制执行，不论是工程招标编制标底还是投标报价均以此为唯一的依据，承发包双方共用一本定额和费用标准确定标底价和投标报价，一旦定额价与市场价脱节就影响计价的准确性。

2.2　定额计价组成及特点

1. 定额计价组成

定额计价包括分部分项工程费、利润、措施项目费、其他项目费、规费和税金，而分部分项工程费中的子目基价是指为完成分部分项工程所需的人工费、材料费、机械费、管理费。

2. 定额计价特点

定额计价实际上是国家通过颁布统一的估算指标、概算指标，以及概算、预算和有关定额，来对建筑产品价格进行有计划的管理。国家以假定的建筑安装产品为对象，制定统一的预算和概算定额。计算出每一单元子项的费用后，再综合形成整个工程的价格。

2.3　定额计价流程

定额计价的主要流程是：

（1）收集资料，主要收集设计图纸、现行计价依据、工程协议和工程计价手册等基础资料。

（2）熟悉图纸和现场。

（3）计算工作量。

（4）套定额单价。

（5）费用计算。

（6）编制说明，主要说明工程计价的有关情况，包括编制依据、工程性质、内容范围、设计图纸号、所用计价依据、有关部门的调价文件号、套用单价或补充定额子目的情况及其他需要说明的问题。

2.4　工程量清单计价与定额计价的区别和联系

1. 工程量清单计价与定额计价的区别

（1）计价依据不同

定额计价可以看作政府定价，其定价是由统一的预算定额＋费用定额＋调价系数得到的。清单计价的依据是市场竞争定价。

（2）计价项目划分不同

1）定额计价模式中计价项目的划分以施工工序为主，内容比较单一（通常有一个工序就有一个计价项目）。而清单计价模式中计价项目的划分分别以工程实体为对象，项目综合度较大，将形成某实体部位或构件必需的多项工序或工程内容并为一体，能直观地反映出该实体的基本价格。

2）定额计价模式中计价项目的工程实体与措施合二为一。即该项目既有实体因素又包含措施因素在内。而清单计价模式工程量计算方法是将实体部分与措施部分分离，有利于业主、企业视工程实际自主组价，有利于实现个别成本控制。

3）定额计价模式的项目划分中着重考虑了施工方法因素，从而限制了企业优势的展现，而清单计价模式的项目中不再与施工方法挂钩，而是将施工方法的因素放在组价中由计价人考虑。

（3）单价组成不同

定额计价模式中使用的单价为"工料单价法"，即人＋材＋机，将管理费、利润等在取费中考虑。清单计价模式中使用的单价为"综合单价法"，单价组成为：人工＋材料＋机械＋管理费＋利润＋风险。使用"综合单价法"更直观地反映了各计价项目（包括构成工程实体的分部分项工程项目和措施项目、其他项目）的实际价格，但现阶段当不包括"规费和税金"。

（4）工程量计算规则不同

定额计价模式按分部分项工程的实际发生量计量，而清单计价模式则按分部分项实物工程量净量计量，当分部分项子目综合多个工程内容时，以主体工程内容的单位为该项目的计量单位。

（5）计价程序不同

定额计价是由直接费＋间接费＋利润＋差价＋规费＋税金得到的。

清单计价的思路与程序是由分部分项工程费＋措施项目费＋其他项目费＋规费＋税金得到的。

2. 工程量清单计价与定额计价的联系

工程造价的计价就是指按照规定的计算程序和方法，用货币的数量表示建设项目（包括拟建、在建和已建的项目）的价值。无论是工程定额计价方法还是工程量清单计价方法，它们的工程造价计价都是一种从下而上的分部组合计价方法。现行定额或准备重新编制的定额是工程量清单计价的基础。传统观念上的定额包括工程量计算规则、消耗量水平、单价、费用定额的项目和标准，而现在谈及的工程量清单计价与定额关系中的"定额"，仅特指消耗量水平（标准）。原来的定额计价是以消耗量水平为基础，配上单价、费用标准等用以计价，而工程量清单虽然也以消耗量水平作为基础，但是单价、费用的标准等，政府都不再作规定，而是由"政府宏观调控，市场形成价格"。就目前而言，在企业还没有或没有完整的定额的情况下，政府还要继续发布一些社会平均消耗量定额供大家参考使用，以利于从定额计价向清单计价的转换。

第 3 章 通用安装工程常用图例

3.1 安装工程常用基本图例

工艺管道常用图例见表 3-1。

工艺管道常用图例 表 3-1

名 称	图 例	名 称	图 例
闸阀		异径管	
压力调节阀		偏心异径管	
升降式止回阀		堵板	
旋启式止回阀		法兰	
减压阀		法兰连接	
电动闸阀		丝堵	
滚动闸阀		人口	RK
自动截门		流量孔板	
带手动装置的截门		放气管	
浮力调节阀		防雨罩	
密闭式弹簧安全阀		地漏	
开启式弹簧安全阀		压力表	

3.2 安装水、暖、电、通风工程常用图例

在建筑安装工程识图时，常常会用到一些标准图例，现介绍如下。

1. 给水排水、采暖工程常用图例（摘自《暖通空调制图标准》GB/T 50114—2010）见表 3-2。

水、汽管道阀门和附件图例 表 3-2

序 号	名 称	图 例	备 注
1	截止阀		—
2	闸阀		—

序 号	名 称	图 例	备 注
3	球阀		—
4	柱塞阀		—
5	快开阀		—
6	蝶阀		
7	旋塞阀		—
8	止回阀		
9	浮球阀		—
10	三通阀		—
11	平衡阀		—
12	定流量阀		—
13	定压差阀		—
14	自动排气阀		
15	集气罐、放气阀		
16	节流阀		—
17	调节止回关断阀		水泵出口用
18	膨胀阀		—
19	漏斗		—
20	地漏		—
21	可屈挠橡胶软接头		
22	Y形过滤器		
23	疏水器		—
24	减压阀		左高右低

2. 电气工程常用图例

见表3-3。

电气工程常用图例汇总   表3-3

序 号	图 例	备 注
1		熔断器式断路器
2		断路器
3		隔离开关

续表

序　号	图　　例	备　　注
4		熔断器一般符号
5		跌落式熔断器
6		熔断器式开关
7		熔断器式隔离开关
8		熔断器式负荷开关
9		当操作器被吸合时延时闭合的动合触点
10		当操作器被释放时延时闭合的动合触点
11		当操作器件被释放时延时闭合的动断触点
12		当操作器件被吸合时延时闭合的动断触点
13		当操作器件被吸合时延时闭合和释放时延时断开的动合触点
14		按钮开关(不闭锁)
15		旋钮开关、旋转开关(闭锁)
16		位置开关、动合触点、限制开关、动合触点
17		位置开关、动断触点、限制开关、动断触点
18		热敏开关、动合触点(注:θ可用动作温度代替)
19		热敏自动开关、动断触点(注:注意区别此触点和下图所示热继电器的触点)
20		具有热元件的气体放电管荧光灯启动器
21		动合(常开)触点(注:本符号也可用作开关一般符号)
22		动断(常闭)触点
23		先断后合的转换触点

3. 通风空调工程常用图例

见表3-4。

通风空调工程常用图例汇总 表3-4

序 号	名 称	图 例	备 注
1	矩形风管		宽×高(mm)
2	圆形风管		φ直径(mm)
3	风管向上		—
4	风管向下		—
5	风管上升摇手弯		—
6	风管下降摇手弯		—
7	天圆地方		左接矩形风管、右接圆形风管
8	软风管		—
9	圆弧形弯头		—
10	带导流片的矩形弯头		—
11	消声器		—
12	消声弯头		—
13	消声静压箱		—
14	风管软接头		—
15	对开多叶调节风阀		—
16	蝶阀		—
17	插板阀		—

续表

序　号	名　称	图　例	备　注
18	止回风阀		—
19	余压阀		—
20	三通调节阀		—
21	防烟、防火阀		＊＊＊表示防烟、防火阀名称代号
22	方形风口		—
23	条缝形风口		—
24	矩形风口		—
25	圆形风口		—
26	侧面风口		—
27	防雨百叶		—
28	检修门		—
29	气流方向		左表示通用表示法，中表示送风，右表示回风

第 4 章　通用安装工程图纸分析

4.1　电气工程图纸编排顺序与分析

1. 电气工程图纸编排顺序

建筑电气图纸一般包括图纸目录，设计说明，平、立、剖面图，系统图，安装详图，主要设备表等。

图纸目录一般先列出新绘制的图纸，后列出本工程选用的标准图，最后列出重复使用图，内容有序号、图纸名称、编号、张数等。

设计说明主要说明一些在样图上不易表达，或可以用文字统一说明的一些问题。例如，施工工艺、施工安装要求和注意事项等等。

平面图可以表明电缆的进户点，配电线路的走向，支路的划分，导线的根数和型号，配电箱、灯具、开关及插座的相对位置等等。如果建筑有多层，且每层设置基本相同，可以选择一个标准层来代表与之相同的各层。

系统图是表示电气工程供电方式，电能输送，分配控制关系和设备运行情况的图纸。在系统图上可以了解到各配电箱、开关、熔断器的型号，配电干线及支线的型号、截面、根数、敷设方式等。还可以了解到用电设备名称，容量，计算等。

安装详图又称大样图。大样图一般是结合现场情况，将设备、构件的局部进行详细绘制，以便于施工。

主要设备材料表用来列出本工程所需主要设备、元件、材料和有关数据等。包括名称、符号、型号、规格、数量、备注等内容。一般位于某一张图纸上，和该图纸关联起来阅读。

在阅读电气施工图时要遵循一定的顺序，一般来说看图顺序是施工说明、图例、设备材料表、系统图、平面图、安装详图和原理图。在看图时，要注意将平面图和系统图结合起来，在平面图上找位置，在系统图上找联系。将安装详图和原理图结合起来，看安装详图找设备的接线位置，结合原理图分析系统工作原理。

2. 电气工程图分析

（1）工程简介

某电力电缆敷设工程，采用电缆沟直埋铺砂盖砖，4 根 VV29（3×50＋1×16），进建筑物时电缆穿管，电缆室外的走线及水平距离如图 4-1 所示，中途穿过一次热力管沟，所以在此需要有隔热材料进行保护，由于遇到了障碍物，因此需要绕道挖沟埋设，进入车间后 10m 到达配电柜的位置，从配电室配电柜到外墙的距离是 5m（在此说明一下，室内部分共 15m，用电缆穿钢管保护），具体平面布置如图 4-1 所示。

电缆沟单根埋设时下口宽 0.4m，深 1.3m，现在沟中并排 4 根电缆，直埋电缆挖土方量计算表见表 4-1。电缆选用铜芯导线，截面积为 200mm²，电缆保护管选用混凝土管，管径为 200mm。

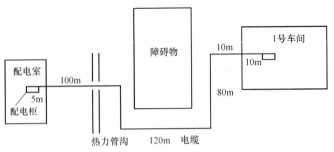

图 4-1 某配电室与车间之间的电缆平面安装图

直埋电缆挖土方量计算表 表 4-1

项 目	电 缆 根 数	
	1～2根	每增加一根
每米沟长挖填土方量（m³）	0.45	0.153

注：1. 两根以内电缆沟，按上口宽 0.6m、下口宽 0.4m、深 0.9m 计算常规的土方量。

　　2. 每增加一根电缆，其沟宽增加 0.17m。

（2）识图分析

由图 4-1 某配电室与车间之间的电缆平面安装图可知，电缆由配电室的配电柜引出，经 5m 穿出配电室，室外电缆穿越一次热力管沟，中途遇到障碍物，绕过障碍物，途径 310m 进入 1 号车间，车间内电缆经 10m 进入配电柜，全长 325m。

4.2 空调工程图纸编排顺序与分析

1. 空调工程图纸编排顺序

空调工程施工图一般包括设计说明、系统原理图、平面图、剖面图、系统轴测图、主要设备材料表等。

设计说明包括工程性质、规模、服务对象及系统工作原理，通风空调系统的工作方式，系统划分和组成以及送、排风量和各风口的送、排风量等。空调工程设计说明还应包括系统的设计参数，例如室外气象参数、室内温湿度、室内含尘浓度、换气次数以及空气状态参数等。此外，在施工说明中也应表明施工质量要求和特殊的施工方法，包括保温、油漆等的施工要求等。

系统原理图是综合性的示意图，它将空气处理设备、通风管路、冷热源管路、自动调节及检测系统联结成一个整体，构成一个整体的通风空调系统。它能清楚地表达系统的工作原理以及各部分的有机联系，一般只是在系统形式比较复杂时才会绘制。

系统平面图可以表明风管、送（回）风口、风量调节阀，测孔等部件和设备的平面位置，与建筑物墙面的距离以及各部位尺寸等。平面图还可以清楚地表达出各管段中空气的流动方向。平面图还能显示各管段的管径，设备的型号、规格以及相对位置等。

系统剖面图上表明风管、部件及设备的立面及标注尺寸。在剖面图上可以看出风机、风管及部件、风帽的安装高度。

系统轴测图又称透视图。采用轴测投影的原理绘制出的系统轴测图，可以完整地把风管、部件及设备的标高，及各管段的规格尺寸，送、排风口的形式和风量值等表达出来。

空调详图表明风管、部件及设备制作安装的具体形式、方法和详细构造及加工尺寸。

主要设备材料表用来列出本工程所需主要设备、元件、材料和有关数据等。包括名称、符号、型号、规格、数量、备注等内容。

另外图纸上一般还附有图例表，把该工程所涉及的通风空调部件、设备等用图形符号编表列出并加以注解为识读施工图提供方便。

在阅读空调施工图时要遵循一定的顺序，一般来说看图顺序是设计说明、图例、设备材料表、系统图、平面图、安装详图和原理图。

2. 空调工程图纸分析

（1）工程简介

如图 4-2 所示为北京市某酒楼一层通风空调工程平面图，由餐厅、大堂、包厢、办公室、厨房等组成。根据各房间的使用功能不同，包厢、办公室采用风机盘管加独立新风系统，而餐厅大堂采用全空气一次回风系统，新风经混风箱与回风混合后由各空气处理机组处理，而后由散流器送至工作区。

该空调系统中的风管均采用优质碳素钢镀锌钢板，其厚度：风管周长＜2000mm 时为0.75mm；2000mm≤风管周长＜4000mm 时为 1mm；风管周长＞4000mm 时为 1.2mm。

除新风口外，各风口均采用铝合金材料。风管保温材料采用厚度为 80mm 的玻璃丝毡，防潮层采用沥青油毡纸，保护层采用两层玻璃布，外刷两遍调和漆。

（2）识图分析

从图 4-2 可以看出，酒楼一层由餐厅、大堂、包厢、办公室、厨房等组成。图上左侧主要为办公区和储物间，右侧为餐厅包厢，中间为大堂、厨房、男女卫和储物室。

一层大堂采用全空气一次回风系统，风由风井引入，经过管径为 400mm×200mm 的风管分别进入两台 G-5DF 机组，经过处理后由风管输送到末端的散流器，再吹向各个工作区。由图上可以看到，大堂分布以⑪轴为中线，基本呈对称分布。左侧 G-5DF 机组连接的风管管径为 1000mm×320mm，经过第一个横支管后管径变为 800mm×320mm，经过第二个横支管后管径变为 630mm×320mm。大堂右侧同左侧。有 6 个横支管，每个横支管的管径都是由 630mm×250mm 变为 500mm×250mm，再变为 400mm×250mm。每个横支管上均分布 4个 300mm×300mm 方形散流器，一共 24 个。一层包厢、办公室则采用风盘加独立新风的系统形式。左侧办公区，在③、④轴之间的北墙上开洞引入新风，新风经过机组 MHW025A处理后，沿风管输送到末端风盘，再吹向办公室内。干管沿走廊敷设，管径为 630mm×160mm，经过 3 个支管，在 E 轴变径，管径变为 500mm×160mm，伸向办公室 3、5、6 的支管管径为 120mm×120mm，办公室 1、2、4、7 内的支管管径为200mm×120mm，办公室8、9、10 内的支管管径为 250mm×120mm。右侧包厢区域系统形式与办公区基本相同，不再赘述。从图上还可以看出系统不同管径的长度，在此不再一一列举。

由于房间面积、功能不同，热负荷也有所不同，因此采用的风盘型号，数量也不同。例如，办公室 8 面积较大，采用一条风管连接两台风盘的形式，两台风盘型号为 FP-7.1；办公室 5 面积小，一条风管连接一台型号为 FP-6.3 的风盘。而餐厅包厢 1，一条风管连接两台风盘，风盘型号为 FP-5；包厢 5，一条风管连接一台风盘，风盘型号为 FP-7.1。同样可以看到其他房间的风盘型号和数量。

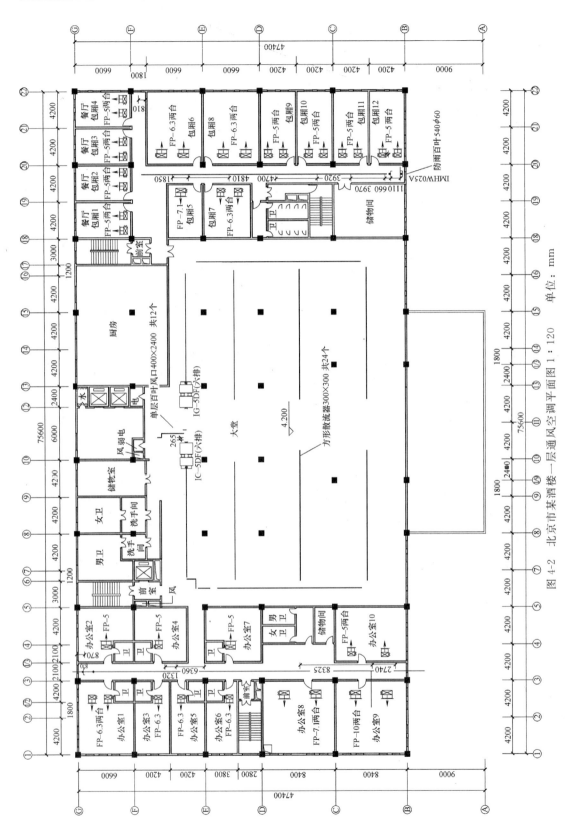

图 4-2　北京市某酒楼一层通风空调平面图 1：120　　单位：mm

4.3 采暖工程图纸编排顺序与分析

1. 采暖工程图纸编排顺序

采暖工程图纸主要包括设计说明、平面布置图、剖面图、系统图（轴测图）和详图，以及主要设备材料表。

设计说明用来说明设计意图和施工中需要注意的问题。通常在设计说明中主要有：总耗热量、热媒的来源及参数，室内温度、相对湿度，管道的管材、规格，管道保温材料、保温厚度及保温方法，管道、设备的刷漆涂油的具体做法等。

平面布置图主要表示建筑物各层供暖管道和采暖设备在平面图上的分布以及管道的走向、排列和各部分的尺寸。

系统图能反映出采暖系统的形式和组成及管线的走向及实际位置，其主要内容包括采暖系统中干管、立管和支管的编号、管径、标高、坡度，散热器的型号与数量，膨胀水箱，集气罐和阀件的型号、规格、安装位置及形式等。

剖面图的剖切位置一般是系统较为复杂的区域，或在平面图上不容易看清的地方。利用平面图和剖面图，我们可以更加清楚地了解该区域的具体细节，有利于我们读图。

详图包括标准图和非标准图，标准图的内容包括采暖系统及散热器、减压阀和调压板的安装，膨胀水箱的制作和安装，集气罐的制作和安装等；非标准图的节点和做法要画出另外的详图。

主要设备材料表使用表格的形式反映采暖工程所需的主要设备、各类管道、管件、阀门以及其他材料的名称、规格、型号和数量。

读图时可以从设计说明入手，先对工程概况有个大致的了解，再按照平面图—系统图—剖面图—详图—主要设备材料表的顺序进行。

2. 采暖工程图纸分析

（1）工程概况

该工程为某校电子计算机房采暖设计，共三层，每层层高为 3.2m。此设计采用机械循环热水供暖系统中的单管（带闭合管段）上供中回式顺流异程式，设落地式膨胀水箱和集气罐。此系统中供回水温度采用低温热水，即供回水温度分别为 95℃/70℃ 热水，由室外城市热力管网供热。管道采用焊接钢管，管径 $DN \leqslant 32mm$ 的焊接钢管采用螺纹连接，管径 $DN > 32mm$ 的焊接钢管采用焊接。其中，顶层所走的水平供水干管和底层所走的水平回水干管，以及供回水总立管和与城市热力管网相连的供回水管均需做保温处理，需手工除轻锈后，再刷红丹防锈漆两遍后，采用 50mm 厚的泡沫玻璃瓦块管道保温，外裹油毡纸保护层；其他立管和房间内与散热器连接的管均需手工除轻锈后，刷防红丹锈漆一遍，银粉漆两遍。根据《暖通空调规范实施手册》，采暖管道穿过楼板和隔墙时，宜装设套管，故此设计中的穿楼板和隔墙的管道设镀锌铁皮套管，套管尺寸比管道大一到两号，管道设支架，支架刷红丹防锈漆两遍，耐酸漆两遍。

散热器采用铸铁 M132 型，落地式安装，散热器表面刷带锈底漆一遍，银粉两遍。膨胀水箱刷防锈漆两遍，采用 50mm 的泡沫玻璃板（设备）做保温层，保护层采用铝箔一复合玻璃钢材料。集气罐刷防锈漆两遍，酚醛耐酸漆两遍。每根供水立管的始末两端各设截止阀一个，根据《暖通空调规范实施手册》，热水采暖系统，应在热力入口出处的供回水总管上设置温度计、压力表。

系统安装完毕应进行水压试验，系统水压试验压力是工作压力的 1.5 倍，10 分钟内压力降不大于 0.02MPa 且系统不渗水为合格。系统试压合格后，投入使用前进行冲洗，冲洗至排出水不含泥沙、铁屑等杂物且水色不浑浊为合格，冲洗前应将温度计、调节阀及平衡阀等拆除，待冲洗合格后再装上。

具体设计内容如图 4-3～图 4-7。

(2) 识图分析

本建筑共分为 3 层，一层平面图为回水系统，三层平面图为供水系统。现以图 4-3 为例介绍平面图的识读。从图上可以看到，一层由大堂、网点、走廊、地下车库组成。电子计算机大堂沿外墙分布了 6 组散热器，其中 2 组在服务台，2 组靠门厅设置，剩余 2 组靠东侧外墙均匀分布。大堂附带的休息室，由于面积小，只设置了 1 组散热器。同时一层还有 14 个计算机网点，最西面 2 个网点面积较大，每个网点分布 4 组散热器，靠北外墙沿东西方向布置 2 组散热器，靠西外墙沿南北方向布置 2 组散热器。剩余 12 个网点，由于面积小，每个网点布置 3 组散热器，靠北外墙沿东西方向布置 1 组散热器，靠西外墙沿南北方向布置 2 组散热器。除立管 L3、L7、L8、L10、L11 只连接一组散热器，立管 L16 由于在一层门厅附近没有设置散热器外，其余每根立管均连接 2 组散热器。从图上还可以看到，城市热网的入口处在 13 轴附近，与城市热网连接的立管为 L0，与城市热网连接的水平干管的管径为 DN80，经过 0.54m，分成左右两条水平支管，左侧管径为 DN65，右侧管径为 DN50。左侧支管经过 3.01m，又分成两路，一路向左，一路向下。向左的管径变为 DN40，经过 0.27m 到达立管 L7。立管 L7 与 L6 的距离为 6.42m，管径为 DN40；立管 L6 与 L5 的距离为 8.7m，管径为 DN40；立管 L5 与 L4 的距离为 7.27m 管径为 DN32；立管 L4 与 L3 的距离为 7.16m 管径为 DN32；立管 L3 与 L2 的距离为 3.52m，管径为 DN25；立管 L2 与 L1 的距离为 8.22m，管径为 DN20。向下的管径变为 DN50，经过 11.86m，再向左 1.02m 到达立管 L21。立管 L21 与 L22 的距离为 4.78m，管径为 DN50；立管 L22 与 L23 的距离为 4.77m，管径为 DN50；立管 L23 与 L24 的距离为 4.82m，管径为 DN40；立管 L24 与 L25 的距离为 3.58m，管径为 DN40；立管 L25 与 L26 的距离为 3.65m，管径为 DN40；立管 L26 与 L27 的距离为 3.55m，管径为 DN32；立管 L27 与 L28 的距离为 3.65m，管径为 DN32；立管 L28 与 L29 的距离为 7.16m，管径为 DN25；立管 L29 与 L30 的距离为 7.03m，管径为 DN20。右侧支管的距离和管径在此不再一一列举。左侧的水平支管连接散热器较多，管径由 DN65 逐渐过渡到 DN20；右侧的水平支管连接散热器相对较少管径由 DN50 逐渐过渡到 DN20。

由于系统形式较为复杂，在绘制系统图时，以 L0（L0 与城市热网连接）为界，分成两部分。下面以图 4-7 为例进行识图分析。从图上可以看到，实线是供水管，标高为 9.550m，虚线是回水管，标高为 3.150m，由此可以判断这个系统是典型的上供中回热水采暖系统。热水从供水干管由三层散热器流向一二层散热器，立管 L8 离供水主立管最近，离回水主立管也最近，是典型的顺流异程式系统。前面我们已经讲到，立管 L16 由于位于一层门厅附近，所以一层没有设置散热器。从系统图上也可以看出，立管 L16 只在二、三层各连接了 2 组散热器。从图上还可以看到，一层每组散热器均为 14 片，二层为 12 片，三层为 13 片；每组散热器进水管处均安装一个 DN15 的截止阀，立管 L16 最高点处安装了一个 DN15 自动排气阀和一个集气罐。从系统图上还可以看出系统各个管段的管径，在此不再一一列举。

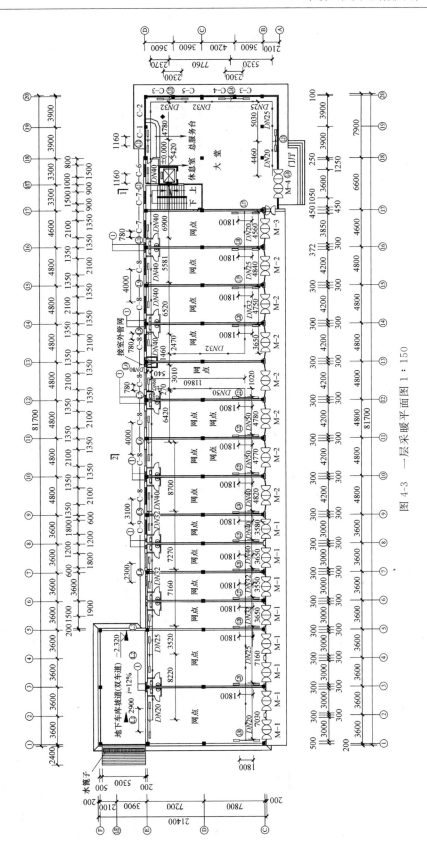

图 4-3 一层采暖平面图 1:150

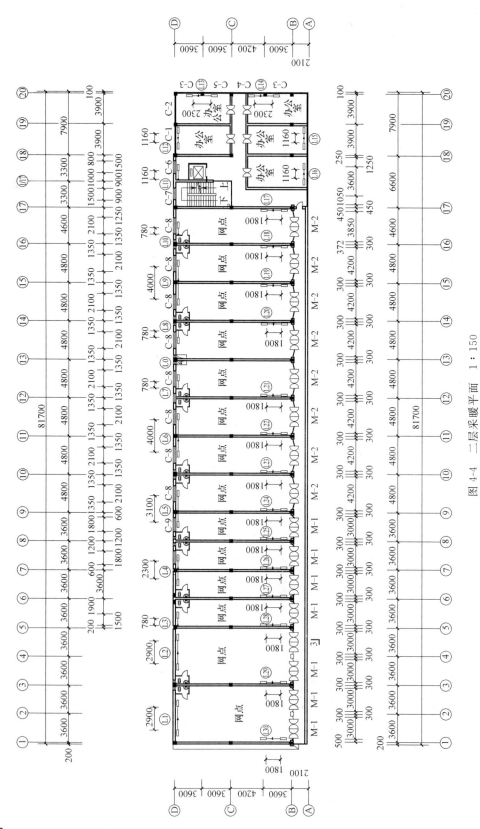

图4-4　二层采暖平面　1：150

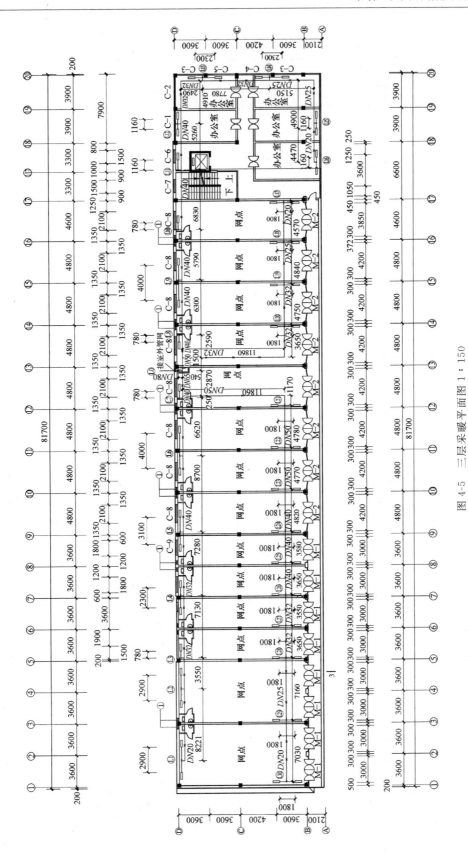

图 4-5 三层采暖平面图 1：150

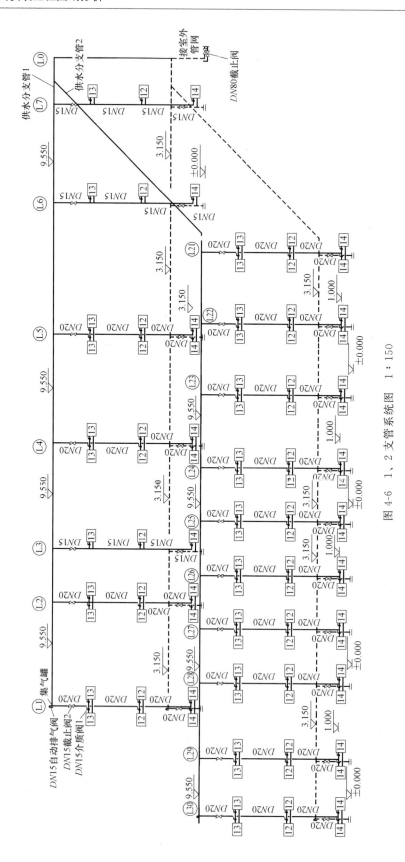

图 4-6 1、2 支管系统图 1：150

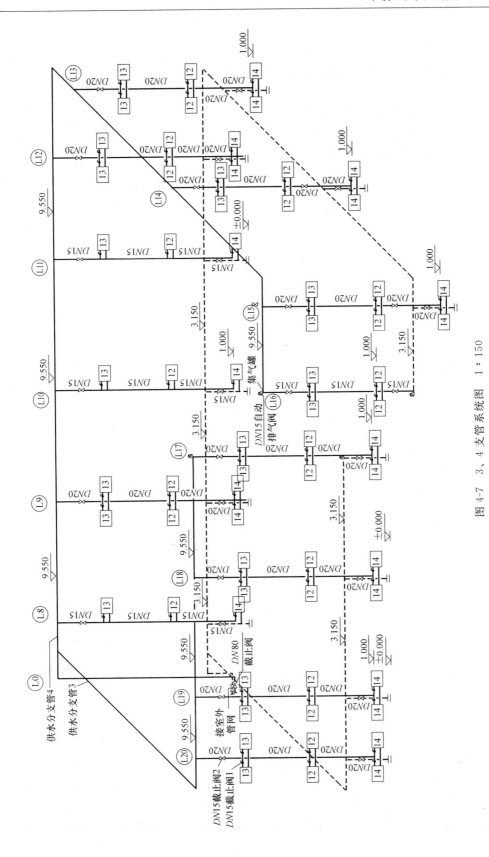

图 4-7 3、4 支管系统图 1：150

4.4　给水排水工程图纸编排顺序与分析

1. 给水排水工程图纸编排顺序

给水排水工程图纸编排顺序一般为平面图、系统图和详图。

（1）给水排水平面图

给水排水平面图主要反映卫生器具、管道及其附件的平面布置情况。常用"J"和"W"来表示给 水系统和污水系统。

平面图的读图要点：

1）了解给水排水系统的编号；

2）了解每个编号的给水排水系统下卫生器具类型；

3）了解管路的坡度、各管道的管径。

阅读给水系统图时，通常从引入管开始，依次按引入管—水平管—立管—支管—配水器具的顺序进行阅读。

阅读排水系统图时，则依次按卫生器具、地漏及其他污水口—连接管—水平支管—立管—排水管—检查井的顺序进行阅读。

（2）给水排水系统图

给水排水系统图主要反映卫生器具、管道等的相对位置情况。

系统图的读图要点：

1）了解各管道的管径、标高、系统走向；

2）结合平面 图，了解管道与卫生器具的连接情况；

3）了解给水排水系统的设备附件种类。

（3）给水排水施工详图

大样详图是将给水排水施工图中的局部范围，以比例放大而得到的图样，表明尺寸及做法而绘制的局部详图。通常有设备节点详图、接口大样详图、管道固定详图、卫生间布置详图等。

2. 给水排水工程图纸分析

（1）工程简介

某学校教学楼旁边的公共卫生间给水排水设计如图 4-8～图 4-13，教学楼内设置男女厕所各一个。女厕设置蹲式大便器 6 个，拖布池 1 个，洗手池 1 个，有 3 个水龙头。男厕设置蹲式大便器 6 个，小便槽 4 个，拖布池 1 个，洗手池 1 个，有 3 个水龙头。男厕、女厕各设置 2 个地漏。

（2）识图分析

平面图识读以图 4-8 某公共卫生间平面布置图为例，从图上可以看到，男女厕所各 1 个，分别有两组给水管、排水管。女厕设置蹲式大便器 6 个，拖布池 1 个，洗手池 1 个，有 3 个水龙头。男厕设置蹲式大便器 6 个，挂斗式小便器 4 个，拖布池 1 个，洗手池 1 个，有 3 个水龙头。男厕、女厕各设置 2 个地漏。蹲式大便器距墙 500mm，每两个蹲式大便器之间的距离为 900mm；男厕挂斗式小便器距墙 900mm，每两个小便器之间的距离为 800mm；拖布池距墙 800mm；上方水龙头距墙为 800mm，每两个水龙头之间的距离为 700mm；上方地漏距拖布池 400mm，下方地漏距墙 300mm，男厕上方地漏距小便池 1000mm 。女厕的两组给水管、排水管分别在左上角和右下角；男厕的两组排水管和给水管分别位于左上角和右上角。

系统图识读以图 4-9 为例。从图上可以看到，这条管路分别给 4 个小便器、4 个水龙头供水。引入管埋深 0.40m，给水立管管径为 $DN25$，水平管管径开始为 $DN25$，经过 4 个小便器管径变为 $DN20$，再经过两个水龙头，管径变为 $DN15$ 。水平管长度参考图 4-8。

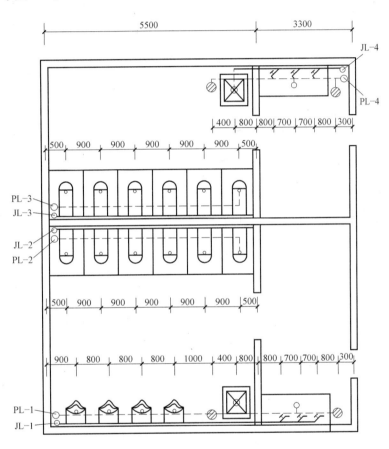

图 4-8 某公共卫生间平面布置图

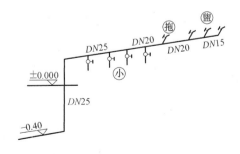

图 4-9 JL-1 给水系统图

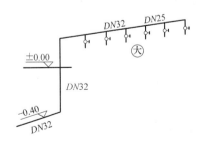

图 4-10 JL-2、JL-3 给水系统图

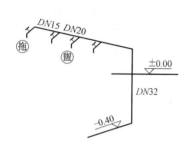

图 4-11　JL-4 给水系统图

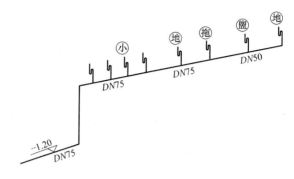

图 4-12　PL-1 排水系统图

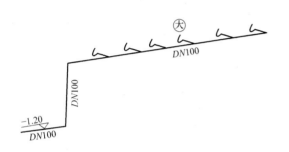

图 4-13　PL-2、PL-3 排水系统图

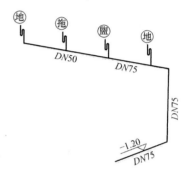

图 4-14　PL-4 排水系统图

第 5 章　通用安装工程算量及工程量清单编制实例

5.1　安装工程工程量计算相关公式

1. 电气工程常用计算公式

（1）带形母线计算公式：

$L=\sum$（按设计图纸计算的单项延长米＋母线预留长度）

（2）基础槽钢角钢的安装长度按设计图纸计算，无规定时按下式计算：

① 单个柜盘时：$L=2(A+B)$

② 多个同规格的柜、盘相连接时：$L=n\cdot(2A+2B)$

式中　L——所求长度；

　　　　A——柜或屏的宽度；

　　　　B——柜或屏的厚度；

　　　　n——柜或屏的个数。

（3）盘柜配线长度计算公式：

$L=$盘柜板面半周长×配线回路数

（4）电缆安装工程量计算公式：

$L=\sum$（水平长度＋垂直长度＋各种预留长度）×（1＋2.5％电缆曲折折弯余系数）

（5）电缆保护管计算公式：

横穿公路：$L=$路基宽度＋4m；

穿过排水沟：$L=$沟壁外缘＋1m；

垂直敷设：管口距地面＋2m；

穿过建筑物外墙，按基础外缘以外＋1m。

（6）电力电缆中间头数量确定参考公式：

$$n=L/l-1$$

式中　n——中间头个数；

　　　　L——电缆设计长度；

　　　　l——每段电缆平均长度。

（7）接地母线、避雷线敷设工程量公式：

$$L=\sum（施工图设计水平长度＋垂直长度）×（1＋3.9％附加长度）$$

（8）电气配管管内穿导线工程量计算公式：

$$L=（配管计算长度＋导线预留长度）×同截面导线根数$$

（9）电气配管管内穿导线工程量计算公式：

$$L＝（配管计算长度＋导线预留长度）×同截面导线根数$$

（10）10kV 以下架空线路导线架设工程量计算公式：

$$L＝（线路总长度＋所有预留长度）×导线根数$$

2. 空调工程常用计算公式

（1）设备筒体、管道表面积计算公式：

$$S＝\pi×D×L$$

式中　π——圆周率；

D——设备或管道直径；

L——设备筒体高或管道延长米。

注：计算设备筒体、管道表面积时已包括各种管件、阀门、人孔、管口凹凸部分，不再另外计算。

（2）矩形风管表面积计算公式：

$$S＝2×（A＋B）×L$$

式中　A——矩形风管的宽度；

B——矩形风管的高度；

$2×（A＋B）$——矩形风管单位长度的周长；

L——该矩形风管管段的长度。

（3）阀门、弯头、法兰表面积计算式：

1）阀门表面积：

$$S＝\pi×D×2.5D×K×N$$

式中　D——直径；

K——1.05；

N——阀门个数。

2）弯头表面积：

$$S＝\pi×D×1.5D×K×2\pi×N/B$$

式中　D——直径；

K——1.05；

N——弯头个数。

B 值取定为：90°弯头 $B＝4$；45°弯头 $B＝8$。

3）法兰表面积：

$$S＝\pi×D×1.5D×K×N$$

式中　D——直径；

K——1.05；

N——法兰个数。

（4）设备和管道法兰翻边防腐蚀工程量计算式：

$$S＝\pi×（D＋A）×A$$

式中　D——直径；

A——法兰翻边宽。

（5）设备筒体或管道绝热、防潮和保护层计算公式：

1）圆形管道：

$$V=\pi\times(D+1.033\delta)\times1.033\delta\times L$$
$$S=\pi\times(D+2.1\delta+0.0082)\times L$$

式中　　　D——直径；

1.033、2.1——调整系数；

δ——绝热层厚度；

L——设备筒体或管道长；

0.0082——捆扎线直径或钢带厚。

2）方形管道：

$$V=2\times[(A+1.033\delta)+(B+1.033\delta)]\times1.033\delta\times L$$
$$S=2\times[(A+2.1\delta+0.0082)+(B+2.1\delta+0.0082)]\times L$$

式中　　　A——矩形风管的宽度；

B——矩形风管的高度；

1.033、2.1——调整系数；

δ——绝热层厚度；

L——设备筒体或管道长；

0.0082——捆扎线直径或钢带厚。

（6）伴热管道绝热工程量计算式：

1）单管伴热或双管伴热（管径相同，夹角小于90°时）

$$D'=D_1+D_2+(10\sim20mm)$$

式中　　　D'——伴热管道综合值；

D_1——主管道直径；

D_2——伴热管道直径；

（10~20mm）——主管道与伴热管道之间的间隙。

2）双管伴热（管径相同，夹角大于90°时）

$$D'=D_1+1.5D_2+(10\sim20mm)$$

3）双管伴热（管径不同，夹角小于90°时）

$$D'=D_1+D_{伴大}+(10\sim20mm)$$

式中　D'——伴热管道综合值；

D_1——主管道直径。

将上述 D' 计算结果分别代入相应公式计算出伴热管道的绝热层、防潮层和保护层工程量。

（7）设备封头绝热、防潮和保护层工程量计算式：

$$V=[(D+1.033\delta)/2]^2\pi\times1.033\delta\times1.5\times N$$
$$S=[(D+2.1\delta)/2]^2\times\pi\times1.5\times N$$

（8）阀门绝热、防潮和保护层计算公式：

$$V=\pi(D+1.033\delta)\times2.5D\times1.033\delta\times1.05\times N$$
$$S=\pi(D+2.1\delta)\times2.5D\times1.05\times N$$

（9）法兰绝热、防潮和保护层计算公式：

$$V=\pi(D+1.033\delta)\times1.5D\times1.033\delta\times1.05\times N$$

$$S＝\pi\times(D＋2.1\delta)\times1.5D\times1.05\times N$$

（10）弯头绝热、防潮和保护层计算公式：

$$V＝\pi\times(D＋1.033\delta)\times1.5D\times2\pi\times1.033\delta\times N/B$$

$$S＝\pi\times(D＋2.1\delta)\times1.5D\times2\pi\times N/B$$

5.2　工程量计算常用数据及工程量计算规则

1. 电气工程常用计算规则

（1）常用的定额工程量计算规则有：

1）电力变压器分干式及油浸式两种，以台计算，区别高低压及容量。

2）配电装置

① 包括断路器、接触器、互感器、避雷器、电抗器、电力电容器及电容器柜，以台为计量单位，隔离开关、熔断器以组为计量单位；

② 配电装置设备的支架按施工图设计的需要量计算，以 kg 为计量单位。

3）母线、绝缘子

① 带型母线安装及带型母线引下线安装包括铜排、铝排，分别以不同截面和片数以"m/单相"为计量单位。母线和固定母线的金具均按设计量加损耗计算；

② 槽型母线安装以"m/单相"为计量单位。槽型母线与设备连接分别以连接不同的设备，以"台"为计量单位。槽型母线及固定槽型母线的金具按设计用量加损耗率计算。壳的大小尺寸以"m"为计量单位，长度按设计共箱母线的轴线长度计算。

4）电缆

① 电缆保护管长度，除按设计规定长度计算外，遇有下列情况，应按以下规定增加保护管长度：

横穿道路，按路基宽度两端各增加 2m；

垂直敷设时，管口距地面增加 2m；

穿过建筑物外墙时，按基础外缘以外增加 1m；

穿过排水沟时，按沟壁外缘以外增加 1m；

② 电缆敷设按单根以延长米计算，一个沟内（或架上）敷设三根各长 100m 的电缆，应按 300m 计算，以此类推；

③ 电缆敷设长度应根据敷设路径的水平和垂直敷设长度，按表 5-1 规定增加附加长度。

电缆敷设附加长度表　　　　　　　　　　　　　　　　　表 5-1

序　　号	项　　　　目	预留(附加)长度	说　　　　明
1	电缆敷设驰度、波形弯度、交叉	2.5%	按电缆全长计算
2	电缆进入建筑物	2.0m	规范规定最小值
3	电缆进入沟内或吊架时引上(下)预留	1.5m	规范规定最小值
4	变电所进线、出线	1.5m	规范规定最小值
5	电力电缆终端头	1.5m	检修余量最小值
6	电缆中间接头盒	两端各留 2.0m	检修余量最小值

序　号	项　目	预留(附加)长度	说　明
7	电缆进控制、保护屏及模拟盘等	高+宽	按盘面尺寸
8	高压开关柜及低压配电盘、箱	2.0m	盘下进出线
9	电动机	0.5m	从电机接线盒起算
10	厂用变压器	3.0m	从地坪起算
11	电缆绕过梁柱等增加长度	按实计算	按被绕物的断面情况计算增加长度
12	电梯电缆与电缆架固定点	每处 0.5m	规范规定最小值

（2）常用的清单计算量规则：

见表 5-2。

电气工程常用清单工程量计算规则汇总表　　　　　表 5-2

项目编码	项目名称	工程量计算规则
030404017	配电箱	按设计图示数量计算
030404019	控制开关	按设计图示数量计算
030404031	小电器	按设计图示数量计算
030404034	照明开关	按设计图示数量计算
030404035	插座	按设计图示数量计算
030411001	配管	按设计图示尺寸以长度计算
030411002	线槽	按设计图示尺寸以长度计算
030411004	配线	按设计图示尺寸以单线长度计算（含预留长度）
030411005	接线箱	按设计图示数量计算
030411006	接线盒	按设计图示数量计算
030412001	普通灯具	按设计图示数量计算
030412002	工厂灯	按设计图示数量计算

2. 空调工程常用计算规则

（1）常用定额工程量计算规则主要有：

1）风管制作安装以施工图规格不同按展开面积计算，不扣除检查孔、测定孔、送风口、吸风口等所占面积。

2）矩形风管按图示周长乘以管道中心线长度计算，风管长度一律以施工图示中心线长度为准（主管与支管以其中心线交点划分），包括弯头、三通、变径管、天圆地方等管件的长度，但不得包括部件所占长度。

3）风管导流叶片制作安装按图示叶片的面积计算。

4）整个通风系统设计采用渐缩管均匀送风者，圆形风管按平均直径、矩形风管按平均周长计算。

5）塑料风管、复合型材料风管制作安装定额所列规格直径为内径，周长为内周长。

6）柔性软风管安装，按图示管道中心线长度以"m"为计量单位，柔性软风管阀门安装以"个"为计量单位。

7）软管（帆布接口）制作安装，按图示尺寸以"m²"为计量单位。

8）风管检查孔重量，按定额附录四"国标通风部件，标准重量表"计算。

9）风管测定孔制作安装，按其型号以"个"为计量单位。

10）薄钢板通风管道、净化通风管道、玻璃钢通风管道、复合型材料通风管道的制作安装中已包括法兰、加固框和吊托支架，不得另行计算。

11）不锈钢通风管道、铝板通风管道的制作安装中不包括法兰和吊托支架，可按相应定额以"kg"为计量单位另行计算。

12）塑料通风管道制作安装，不包括吊托支架，可按相应定额以"kg"为计量单位另行计算。

13）钢百叶窗及活动金属百叶风口的制作以"m²"为计量单位，安装按规格尺寸以"个"为计量单位。

14）挡水板制作安装按空调器断面面积计算。

15）钢板密闭门制作安装以"个"为计量单位。

16）设备支架制作安装按图示尺寸以"kg"为计量单位，执行第五册《静置设备与工艺金属结构制作安装工程》定额相应项目和工程量计算规则。

17）风机安装按设计不同型号以"台"为计量单位。

18）整体式空调机组安装，空调器按不同重量和安装方式以"台"为计量单位；分段组装式空调器按重量以"kg"为计量单位。

19）风机盘管安装按安装方式不同以"台"为计量单位。

20）空气加热器、除尘设备安装重量不同以"台"为计量单位。

（2）常用的清单工程量计算规则：

如表 5-3 所示。

通风空调工程常用清单工程量计算规则汇总表　　表 5-3

项目编码	项目名称	工程量计算规则
030702001	碳钢通风管	按设计图示内径尺寸以展开面积计算
030702003	不锈钢板通风管道	按设计图示内径尺寸以展开面积计算
030702004	铝板通风管道	按设计图示内径尺寸以展开面积计算
030702005	塑料通风管道	按设计图示内径尺寸以展开面积计算
030702006	玻璃钢通风管	按设计图示外径尺寸以展开面积计算
030702007	复合型通风管	按设计图示外径尺寸以展开面积计算
030702009	弯头导流叶片	1. 以面积计量，按设计图示以展开面积平方米计算 2. 以节计量，按设计图示数量计算
030702010	风管检查孔	1. 以千克计量，按风管检查孔质量计算 2. 以个计量，按设计图示数量计算
030703003	铝蝶阀	按设计图示数量计算
030703004	不锈钢蝶阀	按设计图示数量计算
030703007	碳钢风口、散流器、百叶窗	按设计图示数量计算
030703008	不锈钢风口、散流器、百叶窗	按设计图示数量计算
030703019	软性接口	按设计图示尺寸以展开面积计算
030703020	消声器	按设计图示数量计算

3. 采暖工程常用计算规则

（1）常用定额工程量计算规则主要有：

1）热空气幕安装以"台"为计量单位，其支架制作安装可以按相应定额另行计算。

2）长翼、柱形铸铁散热器组成安装以"片"为计量单位，其汽包垫不得换算；圆翼型铸铁散热器组成安装以"节"为计量单位。

3）光排管散热器制作安装以"m"为计量单位，已包括联管长度，不得另行计算。

4）自动排气阀安装以"个"为计量单位，已包括了支架制作安装，不得另行计算。

（2）常用清单工程量计算规则主要有：

如表 5-4 所示。

采暖工程常用清单工程量计算规则汇总表　　　　　　　表 5-4

项目编码	项目名称	工程量计算规则
031005001	铸铁散热器	按设计图示数量计算
031005008	集气罐	按设计图示数量计算
031002001	管道支架	1. 以千克计量，按设计图示质量计算 2. 以套计量，按设计图示数量计算
031002003	套管	按设计图示数量计算
031003007	疏水器	按设计图示数量计算
031003008	除污器（过滤器）	按设计图示数量计算
031003014	热量表	按设计图示数量计算

4. 给水排水工程常用计算规则

（1）常用定额工程量计算规则主要有：

1）各种管道，均以施工图所示中心长度，以"m"为计量单位，不扣除阀门、管件（包括减器、疏水器、水表、伸缩器等组成安装）所占的长度。

2）管道支架制作安装。室内管道公称直径 32mm 以下的安装工程已包括在内，不得另行计算。公称直径 32mm 以上的，可另行计算。

3）各种伸缩器制作安装，均以"个"为计量单位。方形伸缩器的两臂，按臂长的两倍合并在管道长度内计算。

4）管道消毒、冲洗、压力试验，均按管道长度"m"为计量单位，不扣除阀门、管件所占长度。

5）蹲式大便器安装，已包括了固定大便器的垫砖，但不包括大便器墩台砌筑。

6）大便槽、小便槽自动冲洗水箱安装以"套"为计量单位，已包括了水箱托架的制作安装，不得另行计算。

7）小便槽冲洗管制作与安装，以"m"为计量单位，不包括阀门安装，其工程量可按相应定额另行计算。

（2）常用清单工程量计算规则主要有：

如表 5-5 所示。

给水排水工程常用清单工程量计算规则汇总表　　　　表 5-5

项 目 编 码	项 目 名 称	工程量计算规则
031001001	镀锌钢管	按设计图示管道中心线以长度计算
031001005	铸铁管	按设计图示管道中心线以长度计算
031001006	塑料管	按设计图示管道中心线以长度计算
031002001	管道支架	1. 以千克计量，按设计图示质量计算 2. 以套计量，按设计图示数量计算
031002003	套管	按设计图示数量计算
031003013	水表	按设计图示数量计算
031004006	大便器	按设计图示数量计算
031004007	小便器	按设计图示数量计算
031004014	给、排水附(配)件	按设计图示数量计算

5.3　某电缆线路项目工程量计算

1. 某电缆线路项目工程量计算讲解

（1）清单工程量

本处只对清单项目工程量进行简算，具体的计算公式及计算细节参见定额工程量中的计算。一些数据说明参考注释。

1）电缆沟挖填土方量

按表 4-1 给定的数据，已知标准电缆沟下口宽 $a=0.4$m，上口宽 $b=0.6$m，沟深 $h=0.9$m，则电缆沟边的放坡系数为：$\zeta=0.1/0.9=0.11$。

题中已知下口宽 $a=0.4$m，沟深 $h=1.3$m，所以上口宽为：
$$b=a+2\zeta h=0.4+2\times0.11\times1.3=0.69\text{m}$$

根据表 4-1 及注释可知同沟并排 4 根电缆，其电缆上下口宽度均增加 $0.17\times2=0.34$m，则其每米沟长的挖土方量为：
$$V_1=(0.69+0.4)\times1.3/2=0.71\text{m}^3$$

【注释】　0.69——电缆沟上口的宽度（m）；

　　　　　0.34——电缆沟上下口宽度均增加的长度（m）；

　　　　　0.40——电缆沟下口的宽度（m）。

电缆沟采用铺砂盖砖，其工程量为 $L=100+120+80+10=310$m

【注释】　数据参考图中说明。

因此，需要的总的挖土方量为 $V=0.71\times L=220.1\text{m}^3$

【注释】　0.71——每米沟长的挖土方量，单位为 m³。

2）电力电缆埋设工程量
$$L=(5+10+100+120+80+10)\times4=1300\text{m}$$

【注释】　数据参考图中说明。

3）电缆保护管敷设，2 根

【注释】　2——出配电室一根，进车间需要一根，单位为根。

连接配电室的保护管的长度为 $L=5.00\text{m}$

连接车间的保护管的长度为 $L=10.00\text{m}$

故保护管总的长度为 $L=5.00+10.00=15.00\text{m}$

【注释】 参考图示数据说明。

4）室外电缆头制作，2个

【注释】 配电室和车间各需要一个。

5）室内电缆头制作，2个

【注释】 配电室和车间各需要一个。

6）清单工程量计算

见表5-6。

清单工程量计算表   表 5-6

序号	项目编码	项目名称	项目特征描述	计量单位	工程量
1	010101007001	管沟土方	一类土，电缆沟单根埋设时下口宽 0.4m，深1.3m	m³	220.10
2	030408001001	电力电缆	铜芯，截面积为 200mm² 埋地敷设	m	1300.00
3	030408003001	电缆保护管	混凝土管，管径为 200mm	m	15.00
4	030408006001	电力电缆头	室外热缩式电缆头	个	2.00
5	030408006002	电力电缆头	室内热缩式电缆头	个	2.00

【注释】 项目编码从《建设工程工程量清单计价规范》GB 50500—2013 中电气设备安装工程中查得，清单工程量计算表中的单位为常用的基本单位，工程量是仅考虑图纸上的数据而计算得出的数据。

（2）定额工程量

套用《全国统一安装工程预算定额》GYD—202—2000。

1）电缆沟挖填土方量

经过预留长度的考虑，电缆沟总工程量为

$$L=100+120+80+10+2.28\times4=319.12\text{m}$$

每米沟长挖填土方量为 $V_1=0.45+0.153\times2=0.756\text{m}^3$

所以总的挖土方量为 $V=319.12\times0.756=241.25\text{m}^3$

【注释】 2.28——电缆沟拐弯时应预留的长度（m）；

       4——由图中很容易看出共拐了4个弯儿，因此在预留长度时乘以4。

套定额 2-521。

2）电力电缆埋设工程量

$$L=(100+120+80+10+5+10+2.28\times4+0.8\times2)\times4$$
$$=1342.88\text{m}=13.43(100\text{m})$$

【注释】 2.28——电缆沟拐弯时电缆应预留的长度，共拐了4个弯儿（m）；

       0.8——从室外进入室内或者是从室内进入室外的预留长度距离（m）。

套定额 2-529，2-530，2-620。

3）电缆保护管的敷设

连接配电室的保护管的长度为 $L=5+0.8=5.8\text{m}$

【注释】 0.8——从室外进入室内或者是从室内进入室外的预留长度距离（m），下同。

连接车间的保护管的长度为 $L=10+0.8=10.8m$

故保护管总的长度为 $L=5.8+10.8=16.6m=1.66$（10m）

【注释】 0.8m——保护管套电力电缆的预留长度使用，本例题中涉及两处电缆保护管的使用。

套定额 2-537。

4）室外电缆头制作，选用截面积为 35mm^2，2个，套定额 2-648。

5）室内电缆头制作，选用截面积为 35mm^2，2个，套定额 2-640。

电缆敷设线路的安装工程预算表见表 5-7，分部分项工程量清单与计价见表 5-8，工程量综合单价分析表见表 5-9～5-13。

电缆配线的安装工程预算表　　　　　　　　　表 5-7

序号	定额编码	分项工程名称	计量单位	工程量	综合单价（元）	其中（元）			合价（元）
						人工费	材料费	机械费	
1	2-521	一般土沟挖填	m³	241.25	12.07	12.07	—	—	2911.89
2	2-529	电缆沟铺砂盖砖	100m	3.19	793.99	145.13	648.86	—	2532.83
3	2-530	每增加一根	100m	3.19	597.80	77.56	520.24	—	1906.98
4	2-620	铜芯电力电缆，截面积为 200mm²	100m	13.43	972.46	414.71	375.55	182.20	13060.14
5	2-537	电缆保护管埋地敷设，管径为200mm	10m	1.66	82.96	47.6	35.36		137.71
6	2-648	室外热缩式电缆头制作	个	2.00	146.05	60.37	85.68		292.10
7	2-640	室内热缩式电缆头制作	个	2.00	92.85	20.90	71.95		185.70
				本页小计					21027.35
				合　计					21027.35

注：该表格中未计价材料均在材料费中体现，具体可参考综合单价分析表。表格中单位采用的是定额单位，工程量为定额工程量，基价通过《全国统一安装工程预算定额》可查到。

分部分项工程量清单与计价表　　　　　　　　表 5-8

工程名称：某电缆配线的安装工程　　　　　　标段：　　　　　　　　第 页 共 页

序号	项目编码	项目名称	项目特征描述	计量单位	工程量	金额（元）		
						综合单价	合价	其中：暂估价
				C.2 电气设备安装工程				
1	010101007001	管沟土方	一类土、电缆沟单根埋设时下口宽 0.4m，深 1.3m	m³	220.10	18.86	4151.89	
2	030408001001	电力电缆	铜芯，截面积为 200mm²，埋地敷设	m	1300.00	17.70	23101.00	
3	030408003001	电力电缆管	混凝土管，管径为200mm	m	15.00	12.96	194.40	
4	030408006001	电力电缆头	室外热缩式电缆头	个	2.00	224.27	448.54	
5	030408006002	电力电缆头	室内热缩式电缆头	个	2.00	151.25	302.50	
			本页小计				28198.33	
			合　计				28198.33	

注：分部分项工程量清单与计价表中的工程量为清单里面的工程量，综合单价为综合单价分析表里得到的最终清单项目综合单价，工程量×综合单价＝该项目所需的费用，将各个项目加起来即为该工程总的费用。

2. 某电缆线路工程量清单综合单价分析

如表5-9～表5-13所示。

工程量清单综合单价分析表　　　　　　　　　　表5-9

工程名称：某电缆配线的安装工程　　　　　　标段：　　　　　　第1页　共5页

项目编码	010101007001	项目名称	管沟土方	计量单位	m³	工程量	220.10

清单综合单价组成明细

定额编号	定额名称	定额单位	数量	单价				合价			
				人工费	材料费	机械费	管理费和利润	人工费	材料费	机械费	管理费和利润
2-521	一般土沟挖填	m³	1.10	12.07	—	—	5.07	13.28	—	—	5.58
人工单价			小计					13.28	—	—	5.58
23.22 元/工日			未计价材料费					—			
清单项目综合单价								18.86			

材料费明细	主要材料名称、规格、型号	单位	数量	单价（元）	合价（元）	暂估单价(元)	暂估合价(元)
	其他材料费			—		—	
	材料费小计			—		—	

注：1. 在计算管理费和利润时，基费＝人工费＋材料费＋机械费，管理费的费率设为34%，利润的费率设为8%，因此管理费＝基费×管理费的费率，利润＝基费×利润的费率；

　　2. 计算中套用的定额均为全国统一安装工程预算定额，下同。

工程量清单综合单价分析表　　　　　　　　　　表5-10

工程名称：某电缆配线的安装工程　　　　　　标段：　　　　　　第2页　共5页

项目编码	030408001001	项目名称	电力电缆	计量单位	m	工程量	1300.00

清单综合单价组成明细

定额编号	定额名称	定额单位	数量	单价				合价			
				人工费	材料费	机械费	管理费和利润	人工费	材料费	机械费	管理费和利润
2-620	铜芯电力电缆	100m	0.002	414.71	375.55	182.20	408.43	4.15	3.76	1.82	4.08
2-529	电缆沟铺砂盖砖	100m	0.002	145.13	648.86		333.48	0.29	1.30		0.67
2-530	每增加一根	100m	0.002	77.56	520.24	—	251.08	0.16	1.04		0.50
人工单价			小计					4.60	6.10	1.82	5.25
23.22 元/工日			未计价材料费					—			
清单项目综合单价								17.77			

材料费明细	主要材料名称、规格、型号	单位	数量	单价（元）	合价（元）	暂估单价(元)	暂估合价(元)
	其他材料费			—		—	
	材料费小计			—		—	

工程量清单综合单价分析表

表 5-11

工程名称：某电缆配线的安装工程 　　　　标段：　　　　　　　

| 项目编码 | 030408003001 | 项目名称 | 电缆保护管 | 计量单位 | m | 工程量 | 15.00 |

清单综合单价组成明细

定额编号	定额名称	定额单位	数量	单价				合价			
				人工费	材料费	机械费	管理费和利润	人工费	材料费	机械费	管理费和利润
2-537	电缆保护管埋地敷设,管径为200mm	10m	0.11	47.60	35.36	—	34.84	5.24	3.89	—	3.83
人工单价			小计					5.24	3.89	—	3.83
23.22 元/工日			未计价材料费					—			
清单项目综合单价								12.96			

材料费明细	主要材料名称、规格、型号	单位	数量	单价(元)	合价(元)	暂估单价(元)	暂估合价(元)
	其他材料费			—		—	
	材料费小计			—		—	

工程量清单综合单价分析表

表 5-12

工程名称：某电缆配线的安装工程 　　　　标段：　　　　　　　

| 项目编码 | 030408006001 | 项目名称 | 电力电缆头 | 计量单位 | 个 | 工程量 | 2.00 |

清单综合单价组成明细

定额编号	定额名称	定额单位	数量	单价				合价			
				人工费	材料费	机械费	管理费和利润	人工费	材料费	机械费	管理费和利润
2-648	户外热缩式电缆头制作	个	1.00	60.37	85.68	—	61.34	60.37	85.68	—	61.34
人工单价			小计					60.37	85.68	—	61.34
23.22 元/工日			未计价材料费					16.88			
清单项目综合单价								224.27			

材料费明细	主要材料名称、规格、型号	单位	数量	单价(元)	合价(元)	暂估单价(元)	暂估合价(元)
	户外热塑式 35~400mm²	套	1.02	16.55	16.88		
	其他材料费			—		—	
	材料费小计			—	16.88	—	

工程量清单综合单价分析表　　　表 5-13

工程名称：某电缆配线的安装工程　　　　　　　标段：　　　　　　第 5 页　共 5 页

项目编码	030408006002	项目名称	电力电缆头	计量单位	个	工程量	2.00

清单综合单价组成明细

定额编号	定额名称	定额单位	数量	单　价				合　价			
				人工费	材料费	机械费	管理费和利润	人工费	材料费	机械费	管理费和利润
2-640	户内热缩式电缆头制作	个	1.00	20.90	71.95	—	39.00	20.90	71.95	—	39.00
人工单价		小计						20.90	71.95	—	39.00
23.22 元/工日		未计价材料费						19.40			
清单项目综合单价								151.25			

材料费明细	主要材料名称、规格、型号		单位	数量	单价（元）	合价（元）	暂估单价（元）	暂估合价（元）
	户内热缩式电缆终端头 35～400mm²		套	1.02	19.02	19.40		
	其他材料费				—			
	材料费小计				—	19.40		

3. 某电缆线路投标工程量清单编制

投 标 总 价

招标人：　　<u>某工厂</u>

工程名称：　<u>某电缆配线的安装工程</u>

投标总价（小写）：　<u>41467.49 元</u>

　　　　（大写）：　<u>肆万壹仟肆佰陆拾柒元肆角玖分</u>

投标人：　<u>某某建筑安装工程公司单位公章</u>

　　　　　　（单位盖章）

法定代表人：　<u>某某建筑安装工程公司</u>

或其授权人：　<u>法定代表人</u>

　　　　　　（签字或盖章）

编制人：　<u>签字盖造价工程师或造价员专用章</u>

　　　　　（造价人员签字盖专用章）

编制时间：　××××年××月××日

总 说 明

工程名称：某电缆配线的安装工程　　　　　　　　　　　　　　　　　　　第1页 共1页

---

1. 工程概况

本工程为某电缆配线的安装工程。电力电缆敷设工程，采用电缆沟直埋铺砂盖砖，4 根 VV29(3×50＋1×16)，进建筑物时电缆穿管，电缆室外的走线及水平距离如图所示，中途穿过一次热力管沟，所以在此需要有隔热材料进行保护，由于遇到了障碍物，因此需要绕道挖沟埋设，进入车间后10m到达配电柜的位置，从配电室配电柜到外墙的距离是5m(在此说明一下，室内部分共15m，用电缆穿钢管保护)，电缆沟单根埋设时下口宽0.4m，深1.3m，现在沟中并排4根电缆，直埋电缆挖土方量计算表见表4-1。电缆选用铜芯导线，截面积为200mm²，电缆保护管选用混凝土管，管径为200mm。

2. 投标控制价包括范围

为本次招标的某电缆配线的安装施工图范围内的安装工程。

3. 投标控制价编制依据

(1)招标文件及其所提供的工程量清单和有关计价的要求，招标文件的补充通知和答疑纪要。

(2)该某电缆配线的安装施工图及投标施工组织设计。

(3)有关的技术标准，规范和安全管理规定。

(4)省建设主管部门颁发的计价定额和计价管理办法及有关计价文件。

(5)材料价格采用工程所在地工程造价管理机构年月工程造价信息发布的价格信息，对于造价信息没有发布的材料，其价格参照市场价。

如表5-14～表5-20所示。

工程项目投标报价汇总表　　　　　　　　　　　　　　　　　　　　　**表5-14**

工程名称：某电缆配线的安装工程　　　　　　　　　　　　　　　　　第1页 共1页

序号	单项工程名称	金额(元)	其中(元)		
			暂估价	安全文明施工费	规 费
1	某电缆配线的安装工程	41467.49	2000	219.47	3047.97
	合计	41467.49	2000	219.47	3047.97

单项工程投标报价汇总表　　　　　　　　　　　　　　　　　　　　**表5-15**

工程名称：某电缆配线的安装工程　　　　　　　　　　　　　　　　　第1页 共1页

序号	单项工程名称	金额(元)	其中(元)		
			暂估价	安全文明施工费	规 费
1	某电缆配线的安装工程	41467.49	2000	219.47	3047.97
	合计	41467.49	2000	219.47	3047.97

单位工程投标报价汇总表　　表 5-16

工程名称：某电缆配线的安装工程　　　　　　　　　第 1 页共 1 页

序号	汇总内容	金额(元)	其中:暂估价(元)
1	分部分项工程	28198.33	
1.1	某电缆配线的安装工程	28198.33	
1.2			
1.3			
1.4			
2	措施项目	1607.25	
2.1	安全文明施工费	219.47	
3	其他项目	6678.97	
3.1	暂列金额	1978.97	
3.2	专业工程暂估价	2000	
3.3	计日工	2600	
3.4	总承包服务费	100	
4	规费	3047.97	
5	税金	1934.97	
合计＝1＋2＋3＋4＋5		41467.49	

注：这里的分部分项工程中存在暂估价。

分部分项工程量清单与计价表见表 5-8。

措施项目清单与计价表　　表 5-17

工程名称：某电缆配线的安装工程　　　标段：　　　　第 1 页共 1 页

序号	项目名称	计算基础	费率(%)	金额(元)
1	环境保护费	人工费 9144.07	0.2	18.29
2	文明施工费	人工费	1.0	91.44
3	安全施工费	人工费	0.7	64.01
4	临时设施费	人工费	7.0	640.08
5	夜间施工增加费	人工费	0.05	4.57
6	缩短工期增加费	人工费	2.5	228.60
7	二次搬运费	人工费	0.8	73.15
8	已完工程及设备保护费	人工费	0.2	18.29
	合计			71138.43

注：该表费率参考《浙江省建设工程施工取费定额》(2003)。

其他项目清单与计价汇总表　　　　　　　　表 5-18

工程名称：某电缆配线的安装工程　　　　　　标段：　　　　　　　　第1页　共1页

序号	项目名称	计量单位	金额(元)	备　注
1	暂列金额	项	1978.97	一般按分部分项工程的(19789.70)10%～15%
2	暂估价		2000	
2.1	材料暂估价			
2.2	专业工程暂估价	项	2000	按有关规定估算
3	计日工		2600	
4	总承包服务费		100	一般为专业工程估价的3%～5%
	合计		6678.97	

注：第1、4项备注参考《建设工程工程量清单计价规范》GB 50500—2013，材料暂估单价进入清单项目综合单价，此处不汇总。

计日工表　　　　　　　　表 5-19

工程名称：某电缆配线的安装工程　　　　　　标段：　　　　　　　　第1页　共1页

编号	项目名称	单位	暂定数量	综合单价	合价
一	人工				
1	普工	工日	20	70	1400
2	技工(综合)	工日	10	120	1200
3					
4					
	人工小计				2600
二	材料				
1					
2					
3					
4					
5					
6					
	材料小计				—
三	施工机械				
1	按实际发生计算				
2					
3					
4					
	施工机械小计				
	总　计				2600

注：此表项目，名称由招标人填写，编制招标控制价时，单价由招标人按有关计价规定确定；投标时，单价由投标人自主报价，计入投标总价中。

规费、税金项目计价表   表 5-20

工程名称：某电缆配线的安装工程   标段：   第 页 共 页

序号	项目名称	计算基础	计算基数	计算费率(%)	金额(元)
1	规费	定额人工费	9144.07	23.61	2158.91
1.1	社会保险费	定额人工费			
(1)	养老保险费	定额人工费			
(2)	失业保险费	定额人工费			
(3)	医疗保险费	定额人工费			
(4)	工伤保险费	定额人工费			
(5)	生育保险费	定额人工费			
1.2	住房公积金	定额人工费			
1.3	工程排污费	按工程所在地环境保护部门收取标准,按实计入			
2	税金	分部分项工程费＋措施项目费＋其他项目费＋规费－按规定不计税的工程设备金额			
合计					

编制人(造价人员)：   复核人(造价工程师)：

5.4 北京市某酒楼一层通风空调工程项目工程量计算

1. 北京市某酒楼一层通风空调工程项目工程量计算

(1) 清单工程量：

1) 风管制作安装

风管的清单工程量

矩形风管 $S = 2 \times (A + B) \times L$

【注释】 A——矩形风管的宽度；

B——矩形风管的高度；

$2 \times (A + B)$——矩形风管单位长度的周长；

L——该矩形风管管段的长度。

圆形风管 $S = \pi \times D \times L$

【注释】 D——圆形风管的直径；

$\pi \times D$——圆形风管单位长度的周长；

L——该圆形风管管段的长度。

① 1000×320 风管制作安装：

$S = 2 \times (A + B) \times L$

$= 2 \times (1.00 + 0.32) \times [(12.04 + \pi R/2 + 3.705)] \times 2$

$= 2 \times (1.00 + 0.32) \times [(12.04 + 3.14 \times 1.05/2 + 3.705)] \times 2$

$= 91.85 \text{m}^2$

【注释】　1.00m——1000×320 矩形风管的宽度;

0.32m——1000×320 矩形风管的高度;

2×(1.00+0.32)m——1000×320 矩形风管单位长度的周长;

12.04m——空调机组ⅠG-5DF 对应的该管段的管长;

πR/2——空调机组ⅠG-5DF 对应的弯管中心弧的长度;

R——该弯管中心弧的半径;

3.705m——空调机组ⅠG-5DF 对应的该管段的管长;

2——有 2 根这样的水平管,故乘以 2;

34.79m——该工程中 1000×320 矩形风管的总长度。

② 800×320 风管制作安装:

$S=2×(A+B)×L=2×(0.80+0.32)×8.57×2=38.39m^2$

【注释】　0.80m——800×320 矩形风管的宽度;

0.32m——800×320 矩形风管的高度;

2×(0.80+0.32)m——800×320 矩形风管单位长度的周长;

8.57m——空调机组ⅠG-5DF 对应的该管段的管长;

2——有 2 根这样的水平管,故乘以 2;

17.14m——该工程中 800×320 矩形风管的总长度。

③ 630×320 风管制作安装:

$S=2×(A+B)×L$

$=2×(0.63+0.32)×(6.66×2+0.77-0.30-0.21)$

$=25.80m^2$

【注释】　0.63m——630×320 矩形风管的宽度;

0.32m　630×320 矩形风管的高度;

2×(0.63+0.32)m——630×320 矩形风管单位长度的周长;

6.66m——空调机组ⅠG-5DF 对应的该管段的管长;

2——有 2 根这样的水平管,故乘以 2;

0.77m——新风机组ⅠMHW025A 对应的该管段的长度;

0.30m——新风机组ⅠMHW025A 对应的软接的长度;

0.21m——新风机组ⅠMHW025A 的该管段对应的调节阀 630×320 的长度;

13.58——该工程中 630×320 矩形风管的总长度。

④ 630×250 风管制作安装:

$S=2×(A+B)×L$

$=2×(0.63+0.25)×[(πR/2+5.745)×2+(πR/2+5.855)×2+(πR/2+5.94)×$

$2+0.87-0.30-0.21]$

$=2×(0.63+0.25)×[(3.14×0.68/2+5.745)×2+(3.14×0.68/2+5.855)×2+$

$(3.14×0.68/2+5.94)×2+0.87-0.30-0.21]$

$=73.66m^2$

【注释】　0.63m——630×250 矩形风管的宽度;

0.25m——630×250 矩形风管的高度;

$2\times(0.63+0.25)\mathrm{m}$——$630\times250$ 矩形风管单位长度的周长；

$\pi R/2$——空调机组ⅠG-5DF 对应的左支管一的弯管中心弧的长度；

R——该弯管中心弧的半径；

$5.745\mathrm{m}$——空调机组ⅠG-5DF 对应的左支管一的管长；

2——有 2 根这样的水平管，故乘以 2；

$\pi R/2$——空调机组ⅠG-5DF 对应的左支管二的弯管中心弧的长度；

R——该弯管中心弧的半径；

$5.855\mathrm{m}$——空调机组ⅠG-5DF 对应的左支管二的管长；

2——有 2 根这样的水平管，故乘以 2；

$\pi R/2$——空调机组ⅠG-5DF 对应的左支管三的弯管中心弧的长度；

R——该弯管中心弧的半径；

$5.94\mathrm{m}$——空调机组ⅠG-5DF 对应的左支管三的管长；

2——有 2 根这样的水平管，故乘以 2；

$0.87\mathrm{m}$——新风机组ⅡMHW025A 对应的该管段的长度；

$0.30\mathrm{m}$——新风机组ⅡMHW025A 对应的软接的长度；

$0.21\mathrm{m}$——新风机组ⅡMHW025A 的该管段对应的调节阀 630×250 的长度；

$41.85\mathrm{m}$——该工程中 630×250 矩形风管的总长度。

⑤ 630×160 风管制作安装：

$S=2\times(A+B)\times L$

$=2\times(0.63+0.16)\times[(0.66+3.97+3.92+4.70+1.455)+(0.815+7.675+1.32+$

$3.36)-(30+0.21)\times2]$

$=42.44\mathrm{m}^2$

【注释】 $0.63\mathrm{m}$——630×160 矩形风管的宽度；

$0.16\mathrm{m}$——630×160 矩形风管的高度；

$2\times(0.63+0.16)\mathrm{m}$——$630\times160$ 矩形风管单位长度的周长；

$0.66\mathrm{m}$——新风机组ⅠMHW025A 对应的该管段的长度；

$3.97\mathrm{m}$——新风机组ⅠMHW025A 对应的该管段的长度；

$3.92\mathrm{m}$——新风机组ⅠMHW025A 对应的该管段的长度；

$4.70\mathrm{m}$——新风机组ⅠMHW025A 对应的该管段的长度；

$1.455\mathrm{m}$——新风机组ⅠMHW025A 对应的该管段的长度；

$0.815\mathrm{m}$——新风机组ⅡMHW025A 对应的该管段的长度；

$7.675\mathrm{m}$——新风机组ⅡMHW025A 对应的该管段的长度；

$1.32\mathrm{m}$——新风机组ⅡMHW025A 对应的该管段的长度；

$3.36\mathrm{m}$——新风机组ⅡMHW025A 对应的该管段的长度；

$0.30\mathrm{m}$——新风机组ⅡMHW025A 对应的软接的长度；

$0.21\mathrm{m}$——新风机组ⅡMHW025A 对应的调节阀 630×160 的长度；

2——有 2 台机组，故乘以 2；

$26.86\mathrm{m}$——该工程中 630×160 矩形风管的总长度。

⑥ 500×250 风管制作安装：

$S＝2×(A＋B)×L＝2×(0.50＋0.25)×(4.495×6)＝40.46m^2$

【注释】　0.50m——500×250 矩形风管的宽度；

0.25m——500×250 矩形风管的高度；

$2×(0.50＋0.25)m$——500×250 矩形风管单位长度的周长；

4.495m——空调机组Ⅰ G-5DF 对应的左支管一、二、三的管长；

6——有 6 根这样的水平管，故乘以 6；

26.97m——该工程中 500×250 矩形风管的总长度。

⑦ 500×160 风管制作安装：

$S＝2×(A＋B)×L$

$＝2×(0.50＋0.16)×[(3.885＋4.81＋1.85＋3.73)＋(4.185＋7.02＋8.325＋2.74)]$

$＝2×0.66×36.55$

$＝48.25m^2$

【注释】　0.50m——500×160 矩形风管的宽度；

0.16m——500×160 矩形风管的高度；

$2×(0.50＋0.16)m$——500×160 矩形风管单位长度的周长；

3.885m——新风机组Ⅰ MHW025A 对应的该管段的长度；

4.81m——新风机组Ⅰ MHW025A 对应的该管段的长度；

1.85m——新风机组Ⅰ MHW025A 对应的该管段的长度；

3.73m——新风机组Ⅰ MHW025A 对应的该管段的长度；

4.185m——新风机组Ⅱ MHW025A 对应的该管段的长度；

7.02m——新风机组Ⅱ MHW025A 对应的该管段的长度；

8.325m——新风机组Ⅱ MHW025A 对应的该管段的长度；

2.74m——新风机组Ⅱ MHW025A 对应的该管段的长度；

36.55m——该工程中 500×160 矩形风管的总长度。

⑧ 400×250 风管制作安装：

$S＝2×(A＋B)×L＝2×(0.40＋0.25)×(4.55×6)＝2×0.65×27.30＝35.49m^2$

【注释】　0.40m——400×250 矩形风管的宽度；

0.25m——400×250 矩形风管的高度；

$2×(0.40＋0.25)m$——400×250 矩形风管单位长度的周长；

4.55m——空调机组Ⅰ G-5DF 对应的左支管一、二、三的长度；

6——有 6 根这样的水平管，故乘以 6；

27.30m——该工程中 400×250 矩形风管的总长度。

⑨ 400×200 风管制作安装：

$S＝2×(A＋B)×L$

$＝2×(0.40＋0.20)×(2.46＋\pi R/2＋1.41＋\pi R/2＋1.14)$

$＝2×(0.40＋0.20)×(2.46＋3.14×0.45/2＋1.41＋3.14×0.45/2＋1.14)$

$＝7.70m^2$

【注释】　0.40m——400×200 矩形风管的宽度；

0.20m——400×200 矩形风管的高度；

2×(0.40+0.20)m——400×200 矩形风管单位长度的周长；

    2.46m——空调机组ⅠG-5DF 和ⅡG-5DF 连接的新风管的长度；

    $\pi R/2$——空调机组ⅠG-5DF 和ⅡG-5DF 连接的新风管的弯管中心弧的长度；

    R——该弯管中心弧的半径；

    1.41m——空调机组ⅠG-5DF 和ⅡG-5DF 连接的新风管的长度；

    6.42m——该工程中 400×200 矩形风管的总长度。

⑩ 320×160 风管制作安装：

$S=2×(A+B)×L$

$=2×(0.32+0.16)×[(\pi R/2+0.265)+(\pi R/2+2.195)]$

$=2×(0.32+0.16)×[(3.14×0.37/2+0.265)+(3.14×0.37/2+2.195)]$

$=3.48\text{m}^2$

【注释】 0.32m——320×160 矩形风管的宽度；

    0.16m——320×160 矩形风管的高度；

2×(0.32+0.16)m——320×160 矩形风管单位长度的周长；

    $\pi R/2$——空调机组ⅠG-5DF 对应的支管的弯管中心弧的长度；

    R——该弯管中心弧的半径；

    0.265m——空调机组ⅠG-5DF 对应的该管段的长度；

    $\pi R/2$——空调机组ⅡG-5DF 对应的支管的弯管中心弧的长度；

    R——该弯管中心弧的半径；

    2.195m——空调机组ⅡG-5DF 对应的该管段的长度；

    3.62m——该工程中 320×160 矩形风管的总长度。

⑪ 250×120 风管制作安装：

$S=2×(A+B)×L$

$=2×(0.25+0.12)×[(\pi R/2+2.29-0.15)×2+(\pi R/2+2.71-0.15)+(\pi R/2+2.25-0.15)+(\pi R/2+2.595-0.15)]$

$=2×(0.25+0.12)×[(3.14×0.30/2+2.29-0.15)×2+(3.14×0.30/2+2.71-0.15)+(3.14×3.30/2+2.25-0.15)+(3.14×0.30/2+2.595-0.15)]$

$=10.17\text{m}^2$

【注释】 0.25m——250×120 矩形风管的宽度；

    0.12m——250×120 矩形风管的高度；

2×(0.25+0.12)m——250×120 矩形风管单位长度的周长；

    $\pi R/2$——包厢 6 对应的支管的弯管中心弧的长度；

    R——该弯管中心弧的半径；

    2.29m——包厢 6 对应的该管段的长度；

    0.15m——包厢 6 对应的蝶阀 250×120 的长度；

    2——有 2 根这样的水平管，故乘以 2；

    $\pi R/2$——办公室 9 对应的支管的弯管中心弧的长度；

    R——该弯管中心弧的半径；

2.71m——办公室 9 对应的该管段的长度；

0.15m——办公室 9 对应的蝶阀 250×120 的长度；

$\pi R/2$——办公室 10 对应的支管的弯管中心弧的长度；

R——该弯管中心弧的半径；

2.25m——办公室 10 对应的该管段的长度；

0.15m——办公室 10 对应的蝶阀 250×120 的长度；

$\pi R/2$——办公室 8 对应的支管的弯管中心弧的长度；

R——该弯管中心弧的半径；

2.595m——办公室 8 对应的该管段的长度；

0.15m——办公室 8 对应的蝶阀 250×120 的长度；

13.74m——该工程中 250×120 矩形风管的总长度。

⑫ 200×120 风管制作安装：

$S = 2 \times (A+B) \times L$

$= 2 \times (0.20+0.12) \times [(\pi R/2 + 3.075 - 0.15) + (\pi R/2 + 3.065 - 0.15) + (\pi R/2 + 3.07 - 0.15) + (\pi R/2 + 2.98 - 0.15)]$

$= 2 \times (0.20+0.12) \times [(3.14 \times 0.25/2 + 3.075 - 0.15) + (3.14 \times 0.25/2 + 3.065 - 0.15) + (3.14 \times 0.25/2 + 3.07 - 0.15) + (3.14 \times 0.25/2 + 2.98 - 0.15)]$

$= 8.42 \text{m}^2$

【注释】　0.20m——200×120 矩形风管的宽度；

0.12m——200×120 矩形风管的高度；

$2 \times (0.20+0.12)$m——200×120 矩形风管单位长度的周长；

$\pi R/2$——办公室 1 对应的支管的弯管中心弧的长度；

R——该弯管中心弧的半径；

3.075m——办公室 1 对应的该管段的长度；

0.15m——办公室 1 对应的蝶阀 200×120 的长度；

$\pi R/2$——办公室 2 对应的支管的弯管中心弧的长度；

R——该弯管中心弧的半径；

3.065m——办公室 2 对应的该管段的长度；

0.15m——办公室 2 对应的蝶阀 200×120 的长度；

$\pi R/2$——办公室 4 对应的支管的弯管中心弧的长度；

R——该弯管中心弧的半径；

3.07m——办公室 4 对应的该管段的长度；

0.15m——办公室 4 对应的蝶阀 200×120 的长度；

$\pi R/2$——办公室 7 对应的支管的弯管中心弧的长度；

R——该弯管中心弧的半径；

2.98m——办公室 7 对应的该管段的长度；

0.15m——办公室 7 对应的蝶阀 200×120 的长度；

13.16m——该工程中 200×120 矩形风管的总长度。

⑬ 160×120 风管制作安装：

$$S = 2 \times (A+B) \times L$$

$$= 2 \times (0.16+0.12) \times [(\pi R/2+0.895-0.15+\pi R/2+0.20+\pi R/2+1.04)+(\pi R/2+$$
$$2.265-0.15) \times 3+4.92+3.46+4.94+(\pi R/2) \times 2]$$

$$= 2 \times (0.16+0.12) \times [(3.14 \times 0.21/2+0.895-0.15+3.14 \times 0.21/2+0.20+3.14 \times$$
$$0.21/2+1.04)+(3.14 \times 0.21/2+2.265-0.15) \times 3+4.92+3.46+4.94-0.21+$$
$$(3.14 \times 0.21/2) \times 2]$$

$$= 13.48 \text{m}^2$$

【注释】　0.16m——160×120 矩形风管的宽度；

0.12m——160×120 矩形风管的高度；

2×(0.16+0.12)m——160×120 矩形风管单位长度的周长；

$\pi R/2$——包厢 12 对应的支管的弯管中心弧的长度；

R——该弯管中心弧的半径；

0.895m——包厢 12 对应的该管段的长度；

0.15m——包厢 12 对应的蝶阀 160×120 的长度；

$\pi R/2$——包厢 12 对应的支管的弯管中心弧的长度；

R——该弯管中心弧的半径；

0.20m——包厢 12 对应的该管段的长度；

$\pi R/2$——包厢 12 对应的支管的弯管中心弧的长度；

R——该弯管中心弧的半径；

1.04m——包厢 12 对应的该管段的长度；

$\pi R/2$——包厢 9、10、11 对应的支管的弯管中心弧的长度；

R——该弯管中心弧的半径；

2.265m——包厢 9、10、11 对应的该管段的长度；

0.15m——包厢 9、10、11 对应的蝶阀 160×120 的长度；

3——有 3 根这样的水平管，故乘以 3；

4.92m——引至包厢 1 对应的该管段的长度；

3.46m——引至包厢 3 对应的该管段的长度；

4.94m——引至包厢 4 对应的该管段的长度；

$\pi R/2$——引至包厢 4 对应的该管段的弯管中心弧的长度；

R——该弯管中心弧的半径；

2——有 2 个这样的弯管，故乘以 2；

24.08m——该工程中 160×120 矩形风管的总长度。

⑭ 120×120 风管制作安装：

$$S = 2 \times (A+B) \times L$$

$$= 2 \times (0.12+0.12) \times [(\pi R/2+2.05-0.15)+(\pi R/2+2.07-0.15)+(\pi R/2+2.065-$$
$$0.15)+(\pi R/2+2.045-0.15)+(\pi R/2+3.15-0.15)+(\pi R/2+3.055-0.15)+$$
$$(\pi R/2+3.13-0.15)+(\pi R/2+2.054-0.15) \times 2]$$

$$= 2 \times (0.12+0.12) \times [3.14 \times 0.17/2+2.05-0.15+3.14 \times 0.17/2+2.07-0.15+$$
$$3.14 \times 0.17/2+2.065-0.15+3.14 \times 0.17/2+2.045-0.15+3.14 \times 0.17/2+$$

3.15−0.15+3.14×0.17/2+3.055−0.15+3.14×0.17/2+3.13−0.15+(3.14×0.17/2+2.054−0.15)×2]

=10.91m²

【注释】 0.12m——120×120 矩形风管的宽度；

0.12m——120×120 矩形风管的高度；

2×(0.12+0.12)m——120×120 矩形风管单位长度的周长；

πR/2——包厢 4 对应的支管的弯管中心弧的长度；

R——该弯管中心弧的半径；

2.05m——包厢 4 对应的该管段的长度；

0.15m——包厢 4 对应的蝶阀 120×120 的长度；

πR/2——包厢 3 对应的支管的弯管中心弧的长度；

R——该弯管中心弧的半径；

2.07m——包厢 3 对应的该管段的长度；

0.15m——包厢 3 对应的蝶阀 120×120 的长度；

πR/2——包厢 2 对应的支管的弯管中心弧的长度；

R——该弯管中心弧的半径；

2.065m——包厢 2 对应的该管段的长度；

0.15m——包厢 2 对应的蝶阀 120×120 的长度；

πR/2——包厢 1 对应的支管的弯管中心弧的长度；

R——该弯管中心弧的半径；

2.045m——包厢 1 对应的该管段的长度；

0.15m——包厢 1 对应的蝶阀 120×120 的长度；

πR/2——办公室 3 对应的支管的弯管中心弧的长度；

R——该弯管中心弧的半径；

3.15m——办公室 3 对应的该管段的长度；

0.15m——办公室 3 对应的蝶阀 120×120 的长度；

πR/2——办公室 5 对应的支管的弯管中心弧的长度；

R——该弯管中心弧的半径；

3.055m——办公室 5 对应的该管段的长度；

0.15m——办公室 5 对应的蝶阀 120×120 的长度；

πR/2——办公室 6 对应的支管的弯管中心弧的长度；

R——该弯管中心弧的半径；

3.13m——办公室 6 对应的该管段的长度；

0.15m——办公室 6 对应的蝶阀 120×120 的长度；

πR/2——包厢 45 对应的支管的弯管中心弧的长度；

R——该弯管中心弧的半径；

2.054m——包厢 5 对应的该管段的长度；

0.15m——包厢 5 对应的蝶阀 120×120 的长度；

2——有 2 个这样的弯管，故乘以 2；

　　22.72m——该工程中120×120矩形风管的总长度。

2）碳钢调节阀制作安装

① 手动对开多叶调节阀1000×320的制作安装工程量：2个。

② 手动对开多叶调节阀630×320的制作安装工程量：1个。

③ 手动对开多叶调节阀630×250的制作安装工程量：7个。

④ 手动对开多叶调节阀630×160的制作安装工程量：2个。

⑤ 手动对开多叶调节阀320×160的制作安装工程量：2个。

⑥ 钢制蝶阀250×120的制作安装工程量：5个。

⑦ 钢制蝶阀200×120的制作安装工程量：4个。

⑧ 钢制蝶阀160×120的制作安装工程量：4个。

⑨ 钢制蝶阀120×120的制作安装工程量：9个。

3）碳钢风口、散流器制作安装

① 单层百叶风口400×240的制作安装工程量：12个。

② 方形散流器300×300的制作安装工程量：24个。

4）通风及空调设备制作安装

① 空调器制作安装

a. 空调机组G-5DF的制作安装工程量：2台。

b. 新风处理机组MHW025A的制作安装工程量：2台。

② 风机盘管制作安装

a. 风机盘管FP-10的制作安装工程量：2台。

b. 风机盘管FP-7.1的制作安装工程量：3台。

c. 风机盘管FP-6.3的制作安装工程量：11台。

d. 风机盘管FP-5的制作安装工程量：21台。

清单工程量计算见表5-21。

清单工程量计算表　　　　　　　　　　　　　　　　　　表5-21

序号	项目编码	项目名称	项目特征描述	计算单位	工程量
1	030702001001	碳钢风管制作安装	1000×320	m²	91.85
2	030702001002	碳钢风管制作安装	800×320	m²	38.39
3	030702001003	碳钢风管制作安装	630×320	m²	25.80
4	030702001004	碳钢风管制作安装	630×250	m²	73.66
5	030702001005	碳钢风管制作安装	630×160	m²	42.44
6	030702001006	碳钢风管制作安装	500×250	m²	40.46
7	030702001007	碳钢风管制作安装	500×160	m²	48.25
8	030702001008	碳钢风管制作安装	400×250	m²	35.49
9	030702001009	碳钢风管制作安装	400×200	m²	7.70
10	030702001010	碳钢风管制作安装	320×160	m²	3.48
11	030702001011	碳钢风管制作安装	250×120	m²	10.17
12	030702001012	碳钢风管制作安装	200×120	m²	8.42
13	030702001013	碳钢风管制作安装	160×120	m²	13.48
14	030702001014	碳钢风管制作安装	120×120	m2	10.91
15	030703001001	碳钢调节阀制作安装	手动对开多叶,1000×320	个	2

序号	项目编码	项目名称	项目特征描述	计算单位	工程量
16	030703001002	碳钢调节阀制作安装	手动对开多叶,630×320	个	1
17	030703001003	碳钢调节阀制作安装	手动对开多叶,630×250	个	7
18	030070301004	碳钢调节阀制作安装	手动对开多叶,630×160	个	2
19	030703001005	碳钢调节阀制作安装	手动对开多叶,320×160	个	2
20	030703001006	碳钢调节阀制作安装	钢制蝶阀 250×120	个	5
21	030703001007	碳钢调节阀制作安装	钢制蝶阀 200×120	个	4
22	030703001008	碳钢调节阀制作安装	钢制蝶阀 160×120	个	4
23	030703001009	碳钢调节阀制作安装	钢制蝶阀 120×120	个	9
24	030703007001	碳钢风口制作安装	单层百叶,400×240	个	12
25	030703007002	散流器制作安装	方形,300×300	个	24
26	030701003001	空调器	空调机组 G-5DF	台	2
27	030701003002	空调器	新风处理机组 MHW025A	台	2
28	030701004001	风机盘管	FP-10	台	2
29	030701004002	风机盘管	FP-7.1	台	3
30	030701004003	风机盘管	FP-6.3	台	11
31	030701004004	风机盘管	FP-5	台	21

（2）定额工程量（套用《全国统一安装工程预算定额》GYD-209-2000、GYD-211-2000）

在定额工程量计算过程中，风管制作安装部分相应定额工程量计算同清单工程量计算。

1）风管保温层制作安装

$$V=2\times[(A+1.033\delta)+(B+1.033\delta)]\times1.033\delta\times L$$

【注释】　A——矩形风管的宽度；

　　　　　B——矩形风管的高度；

　　　　　δ——矩形风管保温层的厚度；

　　　　　L——矩形风管的总长度。

① 1000×320 风管保温层：

$$V=2\times[(A+1.033\delta)+(B+1.033\delta)]\times1.033\delta\times L$$
$$=2\times[(1.00+1.033\times0.08)+(0.32+1.033\times0.08)]\times1.033\times0.08\times34.79$$
$$=8.54m^3$$

【注释】　1.00m——1000×320 矩形风管的宽度；

　　　　　0.32m——1000×320 矩形风管的高度；

　　　　　0.08m——1000×320 矩形风管保温层的厚度；

　　　　　34.79m——该工程中 1000×320 矩形风管的总长度。

② 800×320 风管保温层：

$$V=2\times[(A+1.033\delta)+(B+1.033\delta)]\times1.033\delta\times L$$
$$=2\times[(0.8+1.033\times0.08)+(0.32+1.033\times0.08)]\times1.033\times0.08\times17.14$$
$$=3.64m^3$$

③ 630×320 风管保温层：

$V = 2 \times [(A + 1.033\delta) + (B + 1.033\delta)] \times 1.033\delta \times L$

$\quad = 2 \times [(0.63 + 1.033 \times 0.08) + (0.32 + 1.033 \times 0.08)] \times 1.033 \times 0.08 \times 13.58$

$\quad = 2.50 \text{m}^3$

④ 630×250 风管保温层：

$V = 2 \times [(A + 1.033\delta) + (B + 1.033\delta)] \times 1.033\delta \times L$

$\quad = 2 \times [(0.63 + 1.033 \times 0.08) + (0.25 + 1.033 \times 0.08)] \times 1.033 \times 0.08 \times 41.85$

$\quad = 7.23 \text{m}^3$

⑤ 630×160 风管保温层：

$V = 2 \times [(A + 1.033\delta) + (B + 1.033\delta)] \times 1.033\delta \times L$

$\quad = 2 \times [(0.63 + 1.033 \times 0.08) + (0.16 + 1.033 \times 0.08)] \times 1.033 \times 0.08 \times 26.86$

$\quad = 4.24 \text{m}^3$

⑥ 500×250 风管保温层：

$V = 2 \times [(A + 1.033\delta) + (B + 1.033\delta)] \times 1.033\delta \times L$

$\quad = 2 \times [(0.50 + 1.033 \times 0.08) + (0.25 + 1.033 \times 0.08)] \times 1.033 \times 0.08 \times 26.97$

$\quad = 4.08 \text{m}^3$

⑦ 500×160 风管保温层：

$V = 2 \times [(A + 1.033\delta) + (B + 1.033\delta)] \times 1.033\delta \times L$

$\quad = 2 \times [(0.50 + 1.033 \times 0.08) + (0.16 + 1.033 \times 0.08)] \times 1.033 \times 0.08 \times 36.55$

$\quad = 4.98 \text{m}^3$

⑧ 400×250 风管保温层：

$V = 2 \times [(A + 1.033\delta) + (B + 1.033\delta)] \times 1.033\delta \times L$

$\quad = 2 \times [(0.40 + 1.033 \times 0.08) + (0.25 + 1.033 \times 0.08)] \times 1.033 \times 0.08 \times 27.30$

$\quad = 3.68 \text{m}^3$

⑨ 400×200 风管保温层：

$V = 2 \times [(A + 1.033\delta) + (B + 1.033\delta)] \times 1.033\delta \times L$

$\quad = 2 \times [(0.40 + 1.033 \times 0.08) + (0.20 + 1.033 \times 0.08)] \times 1.033 \times 0.08 \times 6.42$

$\quad = 0.81 \text{m}^3$

⑩ 320×160 风管保温层：

$V = 2 \times [(A + 1.033\delta) + (B + 1.033\delta)] \times 1.033\delta \times L$

$\quad = 2 \times [(0.32 + 1.033 \times 0.08) + (0.16 + 1.033 \times 0.08)] \times 1.033 \times 0.08 \times 3.62$

$\quad = 0.39 \text{m}^3$

⑪ 250×120 风管保温层：

$V = 2 \times [(A + 1.033\delta) + (B + 1.033\delta)] \times 1.033\delta \times L$

$\quad = 2 \times [(0.25 + 1.033 \times 0.08) + (0.12 + 1.033 \times 0.08)] \times 1.033 \times 0.08 \times 13.74$

$\quad = 1.22 \text{m}^3$

⑫ 200×120 风管保温层：

$V = 2 \times [(A + 1.033\delta) + (B + 1.033\delta)] \times 1.033\delta \times L$

$\quad = 2 \times [(0.20 + 1.033 \times 0.08) + (0.12 + 1.033 \times 0.08)] \times 1.033 \times 0.08 \times 13.16$

$\quad = 1.06 \text{m}^3$

⑬ 160×120 风管保温层：

$$V = 2 \times [(A + 1.033\delta) + (B + 1.033\delta)] \times 1.033\delta \times L$$
$$= 2 \times [(0.16 + 1.033 \times 0.08) + (0.12 + 1.033 \times 0.08)] \times 1.033 \times 0.08 \times 24.08$$
$$= 1.77 \text{m}^3$$

⑭ 120×120 风管保温层：

$$V = 2 \times [(A + 1.033\delta) + (B + 1.033\delta)] \times 1.033\delta \times L$$
$$= 2 \times [(0.12 + 1.033 \times 0.08) + (0.12 + 1.033 \times 0.08)] \times 1.033 \times 0.08 \times 22.72$$
$$= 1.52 \text{m}^3$$

2）风管防潮层制作安装

$$S = 2 \times [(A + 2.1\delta + 0.0082) + (B + 2.1\delta + 0.0082)] \times L$$

【注释】 A——矩形风管的宽度；

B——矩形风管的高度；

δ——矩形风管保温层的厚度；

L——矩形风管的总长度。

① 1000×320 风管防潮层：

$$S = 2 \times [(A + 2.1\delta + 0.0082) + (B + 2.1\delta + 0.0082)] \times L$$
$$= 2 \times [(1.00 + 2.1 \times 0.08 + 0.0082) + (0.32 + 2.1 \times 0.08 + 0.0082)] \times 34.79$$
$$= 116.36 \text{m}^2$$

【注释】 1.00m——1000×320 矩形风管的宽度；

0.32m——1000×320 矩形风管的高度；

0.08m——1000×320 矩形风管保温层的厚度；

34.79m——1000×320 矩形风管的总长度。

② 800×320 风管防潮层：

$$S = 2 \times [(A + 2.1\delta + 0.0082) + (B + 2.1\delta + 0.0082)] \times L$$
$$= 2 \times [(0.80 + 2.1 \times 0.08 + 0.0082) + (0.32 + 2.1 \times 0.08 + 0.0082)] \times 17.14$$
$$= 50.47 \text{m}^2$$

③ 630×320 风管防潮层：

$$S = 2 \times [(A + 2.1\delta + 0.0082) + (B + 2.1\delta + 0.0082)] \times L$$
$$= 2 \times [(0.63 + 2.1 \times 0.08 + 0.0082) + (0.32 + 2.1 \times 0.08 + 0.0082)] \times 13.58$$
$$= 35.37 \text{m}^2$$

④ 630×250 风管防潮层：

$$S = 2 \times [(A + 2.1\delta + 0.0082) + (B + 2.1\delta + 0.0082)] \times L$$
$$= 2 \times [(0.63 + 2.1 \times 0.08 + 0.0082) + (0.25 + 2.1 \times 0.08 + 0.0082)] \times 41.85$$
$$= 103.14 \text{m}^2$$

⑤ 630×160 风管防潮层：

$$S = 2 \times [(A + 2.1\delta + 0.0082) + (B + 2.1\delta + 0.0082)] \times L$$
$$= 2 \times [(0.63 + 2.1 \times 0.08 + 0.0082) + (0.16 + 2.1 \times 0.08 + 0.0082)] \times 26.86$$
$$= 61.37 \text{m}^2$$

⑥ 500×250 风管防潮层：

$$S=2\times[(A+2.1\delta+0.0082)+(B+2.1\delta+0.0082)]\times L$$
$$=2\times[(0.50+2.1\times0.08+0.0082)+(0.25+2.1\times0.08+0.0082)]\times26.97$$
$$=59.46m^2$$

⑦ 500×160 风管防潮层：
$$S=2\times[(A+2.1\delta+0.0082)+(B+2.1\delta+0.0082)]\times L$$
$$=2\times[(0.50+2.1\times0.08+0.0082)+(0.16+2.1\times0.08+0.0082)]\times36.55$$
$$=74.00m^2$$

⑧ 400×250 风管防潮层：
$$S=2\times[(A+2.1\delta+0.0082)+(B+2.1\delta+0.0082)]\times L$$
$$=2\times[(0.4+2.1\times0.08+0.0082)+(0.25+2.1\times0.08+0.0082)]\times27.30$$
$$=54.73m^2$$

⑨ 400×200 风管防潮层：
$$S=2\times[(A+2.1\delta+0.0082)+(B+2.1\delta+0.0082)]\times L$$
$$=2\times[(0.40+2.1\times0.08+0.0082)+(0.20+2.1\times0.08+0.0082)]\times6.42$$
$$=12.23m^2$$

⑩ 320×160 风管防潮层：
$$S=2\times[(A+2.1\delta+0.0082)+(B+2.1\delta+0.0082)]\times L$$
$$=2\times[(0.32+2.1\times0.08+0.0082)+(0.16+2.1\times0.08+0.0082)]\times3.62$$
$$=6.03m^2$$

⑪ 250×120 风管防潮层：
$$S=2\times[(A+2.1\delta+0.0082)+(B+2.1\delta+0.0082)]\times L$$
$$=2\times[(0.25+2.1\times0.08+0.0082)+(0.12+2.1\times0.08+0.0082)]\times13.74$$
$$=19.85m^2$$

⑫ 200×120 风管防潮层：
$$S=2\times[(A+2.1\delta+0.0082)+(B+2.1\delta+0.0082)]\times L$$
$$=2\times[(0.20+2.1\times0.08+0.0082)+(0.12+2.1\times0.08+0.0082)]\times13.16$$
$$=17.70m^2$$

⑬ 160×120 风管防潮层：
$$S=2\times[(A+2.1\delta+0.0082)+(B+2.1\delta+0.0082)]\times L$$
$$=2\times[(0.16+2.1\times0.08+0.0082)+(0.12+2.1\times0.08+0.0082)]\times24.08$$
$$=30.45m^2$$

⑭ 120×120 风管防潮层：
$$S=2\times[(A+2.1\delta+0.0082)+(B+2.1\delta+0.0082)]\times L$$
$$=2\times[(0.12+2.1\times0.08+0.0082)+(0.12+2.1\times0.08+0.0082)]\times22.72$$
$$=26.92m^2$$

3）风管保护层制作安装
$$S=2\times[(A+2.1\delta+0.0082)+(B+2.1\delta+0.0082)]\times L\times2$$

【注释】 A——矩形风管的宽度；

B——矩形风管的高度；

　　δ——矩形风管保温层的厚度；

　　L——矩形风管的总长度。

① 1000×320 风管保护层：

$$S = 2 \times [(A + 2.1\delta + 0.0082) + (B + 2.1\delta + 0.0082)] \times L \times 2$$
$$= 2 \times [(1.0 + 2.1 \times 0.08 + 0.0082) + (0.32 + 2.1 \times 0.08 + 0.0082)] \times 34.79 \times 2$$
$$= 232.71 \mathrm{m}^2$$

② 800×320 风管保护层：

$$S = 2 \times [(A + 2.1\delta + 0.0082) + (B + 2.1\delta + 0.0082)] \times L \times 2$$
$$= 2 \times [(0.8 + 2.1 \times 0.08 + 0.0082) + (0.32 + 2.1 \times 0.08 + 0.0082)] \times 17.14 \times 2$$
$$= 100.95 \mathrm{m}^2$$

③ 630×320 风管保护层：

$$S = 2 \times [(A + 2.1\delta + 0.0082) + (B + 2.1\delta + 0.0082)] \times L \times 2$$
$$= 2 \times [(0.63 + 2.1 \times 0.08 + 0.0082) + (0.32 + 2.1 \times 0.08 + 0.0082)] \times 13.58 \times 2$$
$$= 70.74 \mathrm{m}^2$$

④ 630×250 风管保护层：

$$S = 2 \times [(A + 2.1\delta + 0.0082) + (B + 2.1\delta + 0.0082)] \times L \times 2$$
$$= 2 \times [(0.63 + 2.1 \times 0.08 + 0.0082) + (0.25 + 2.1 \times 0.08 + 0.0082)] \times 41.85 \times 2$$
$$= 206.28 \mathrm{m}^2$$

⑤ 630×160 风管保护层：

$$S = 2 \times [(A + 2.1\delta + 0.0082) + (B + 2.1\delta + 0.0082)] \times L \times 2$$
$$= 2 \times [(0.63 + 2.1 \times 0.08 + 0.0082) + (0.16 + 2.1 \times 0.08 + 0.0082)] \times 26.86 \times 2$$
$$= 122.74 \mathrm{m}^2$$

⑥ 500×250 风管保护层：

$$S = 2 \times [(A + 2.1\delta + 0.0082) + (B + 2.1\delta + 0.0082)] \times L \times 2$$
$$= 2 \times [(0.5 + 2.1 \times 0.08 + 0.0082) + (0.25 + 2.1 \times 0.08 + 0.0082)] \times 26.97 \times 2$$
$$= 118.93 \mathrm{m}^2$$

⑦ 500×160 风管保护层：

$$S = 2 \times [(A + 2.1\delta + 0.0082) + (B + 2.1\delta + 0.0082)] \times L \times 2$$
$$= 2 \times [(0.5 + 2.1 \times 0.08 + 0.0082) + (0.16 + 2.1 \times 0.08 + 0.0082)] \times 36.55 \times 2$$
$$= 147.99 \mathrm{m}^2$$

⑧ 400×250 风管保护层：

$$S = 2 \times [(A + 2.1\delta + 0.0082) + (B + 2.1\delta + 0.0082)] \times L \times 2$$
$$= 2 \times [(0.4 + 2.1 \times 0.08 + 0.0082) + (0.25 + 2.1 \times 0.08 + 0.0082)] \times 27.30 \times 2$$
$$= 109.46 \mathrm{m}^2$$

⑨ 400×200 风管保护层：

$$S = 2 \times [(A + 2.1\delta + 0.0082) + (B + 2.1\delta + 0.0082)] \times L \times 2$$
$$= 2 \times [(0.4 + 2.1 \times 0.08 + 0.0082) + (0.2 + 2.1 \times 0.08 + 0.0082)] \times 6.42 \times 2$$
$$= 24.47 \mathrm{m}^2$$

⑩ 320×160 风管保护层：

$$S = 2 \times [(A + 2.1\delta + 0.0082) + (B + 2.1\delta + 0.0082)] \times L \times 2$$
$$= 2 \times [(0.32 + 2.1 \times 0.08 + 0.0082) + (0.16 + 2.1 \times 0.08 + 0.0082)] \times 3.62 \times 2$$
$$= 12.06 \text{m}^2$$

⑪ 250×120 风管保护层：

$$S = 2 \times [(A + 2.1\delta + 0.0082) + (B + 2.1\delta + 0.0082)] \times L \times 2$$
$$= 2 \times [(0.25 + 2.1 \times 0.08 + 0.0082) + (0.12 + 2.1 \times 0.08 + 0.0082)] \times 13.74 \times 2$$
$$= 39.70 \text{m}^2$$

⑫ 200×120 风管保护层：

$$S = 2 \times [(A + 2.1\delta + 0.0082) + (B + 2.1\delta + 0.0082)] \times L \times 2$$
$$= 2 \times [(0.2 + 2.1 \times 0.08 + 0.0082) + (0.12 + 2.1 \times 0.08 + 0.0082)] \times 13.16 \times 2$$
$$= 35.40 \text{m}^2$$

⑬ 160×120 风管保护层：

$$S = 2 \times [(A + 2.1\delta + 0.0082) + (B + 2.1\delta + 0.0082)] \times L \times 2$$
$$= 2 \times [(0.16 + 2.1 \times 0.08 + 0.0082) + (0.12 + 2.1 \times 0.08 + 0.0082)] \times 24.08 \times 2$$
$$= 60.91 \text{m}^2$$

⑭ 120×120 风管保护层：

$$S = 2 \times [(A + 2.1\delta + 0.0082) + (B + 2.1\delta + 0.0082)] \times L \times 2$$
$$= 2 \times [(0.12 + 2.1 \times 0.08 + 0.0082) + (0.12 + 2.1 \times 0.08 + 0.0082)] \times 22.72 \times 2$$
$$= 53.84 \text{m}^2$$

4）风管刷油工程

$$S = 2 \times (A + B) \times L$$

【注释】 A——矩形风管宽度；

B——矩形风管高度；

L——矩形风管总长度。

① 1000×320 风管刷第一遍调和漆：

$$S = 2 \times (A + B) \times L = 2 \times (1.0 + 0.32) \times 34.79 = 91.85 \text{m}^2$$

1000×320 风管刷第二遍调和漆：

$$S = 2 \times (A + B) \times L = 2 \times (1.0 + 0.32) \times 34.79 = 91.85 \text{m}^2$$

② 800×320 风管刷第一遍调和漆：

$$S = 2 \times (A + B) \times L = 2 \times (0.8 + 0.32) \times 17.14 = 38.39 \text{m}^2$$

800×320 风管刷第二遍调和漆：

$$S = 2 \times (A + B) \times L = 2 \times (0.8 + 0.32) \times 17.14 = 38.39 \text{m}^2$$

③ 630×320 风管刷第一遍调和漆：

$$S = 2 \times (A + B) \times L = 2 \times (0.63 + 0.32) \times 13.58 = 25.80 \text{m}^2$$

630×320 风管刷第二遍调和漆：

$$S = 2 \times (A + B) \times L = 2 \times (0.63 + 0.32) \times 13.58 = 25.80 \text{m}^2$$

④ 630×250 风管刷第一遍调和漆：

$$S = 2 \times (A + B) \times L = 2 \times (0.63 + 0.25) \times 41.85 = 73.66 \text{m}^2$$

630×250 风管刷第二遍调和漆：

$$S=2\times(A+B)\times L=2\times(0.63+0.25)\times41.85=73.66\text{m}^2$$

⑤ 630×160 风管刷第一遍调和漆：
$$S=2\times(A+B)\times L=2\times(0.63+0.16)\times26.86=42.44\text{m}^2$$

630×160 风管刷第二遍调和漆：
$$S=2\times(A+B)\times L=2\times(0.63+0.16)\times26.86=42.44\text{m}^2$$

⑥ 500×250 风管刷第一遍调和漆：
$$S=2\times(A+B)\times L=2\times(0.5+0.25)\times26.97=40.46\text{m}^2$$

500×250 风管刷第二遍调和漆：
$$S=2\times(A+B)\times L=2\times(0.5+0.25)\times26.97=40.46\text{m}^2$$

⑦ 500×160 风管刷第一遍调和漆：
$$S=2\times(A+B)\times L=2\times(0.5+0.16)\times36.55=48.25\text{m}^2$$

500×160 风管刷第二遍调和漆：
$$S=2\times(A+B)\times L=2\times(0.5+0.16)\times36.55=48.25\text{m}^2$$

⑧ 400×250 风管刷第一遍调和漆：
$$S=2\times(A+B)\times L=2\times(0.4+0.25)\times27.30=35.49\text{m}^2$$

400×250 风管刷第二遍调和漆：
$$S=2\times(A+B)\times L=2\times(0.4+0.25)\times27.30=35.49\text{m}^2$$

⑨ 400×200 风管刷第一遍调和漆：
$$S=2\times(A+B)\times L=2\times(0.4+0.2)\times6.42=7.70\text{m}^2$$

400×200 风管刷第二遍调和漆：
$$S=2\times(A+B)\times L=2\times(0.4+0.2)\times6.42=7.70\text{m}^2$$

⑩ 320×160 风管刷第一遍调和漆：
$$S=2\times(A+B)\times L=2\times(0.32+0.16)\times3.62=3.48\text{m}^2$$

320×160 风管刷第二遍调和漆：
$$S=2\times(A+B)\times L=2\times(0.32+0.16)\times3.62=3.48\text{m}^2$$

⑪ 250×120 风管刷第一遍调和漆：
$$S=2\times(A+B)\times L=2\times(0.25+0.12)\times13.74=10.17\text{m}^2$$

250×160 风管刷第二遍调和漆：
$$S=2\times(A+B)\times L=2\times(0.25+0.12)\times13.74=10.17\text{m}^2$$

⑫ 200×120 风管刷第一遍调和漆：
$$S=2\times(A+B)\times L=2\times(0.2+0.12)\times13.16=8.42\text{m}^2$$

200×120 风管刷第二遍调和漆：
$$S=2\times(A+B)\times L=2\times(0.2+0.12)\times13.16=8.42\text{m}^2$$

⑬ 160×120 风管刷第一遍调和漆：
$$S=2\times(A+B)\times L=2\times(0.16+0.12)\times24.08=13.48\text{m}^2$$

160×120 风管刷第二遍调和漆：
$$S=2\times(A+B)\times L=2\times(0.16+0.12)\times24.08=13.48\text{m}^2$$

⑭ 120×120 风管刷第一遍调和漆：
$$S=2\times(A+B)\times L=2\times(0.12+0.12)\times22.72=10.91\text{m}^2$$

120×120 风管刷第二遍调和漆：

$$S=2\times(A+B)\times L=2\times(0.12+0.12)\times22.72=10.91m^2$$

5）碳钢调节阀制作安装

① 手动对开多叶调节阀 1000×320 的制作安装

a. 制作：

查 T308-1，1000×320，20.20kg/个，安装 2 个。

则制作工程量为 20.20×2＝40.4kg

查 9-63 套定额子目。

b. 安装：

周长为 2×(1000＋320)＝2640mm

查 9-84 套定额子目。

② 手动对开多叶调节阀 630×320 的制作安装

a. 制作：

查 T308-1，630×320，14.70kg/个，安装 1 个。

则制作工程量为 14.70×1＝14.70kg

查 9-62 套定额子目。

b. 安装：

周长为 2×(630＋320)＝1900mm

查 9-84 套定额子目。

③ 手动对开多叶调节阀 630×250 的制作安装

a. 制作：

查 T308-1，630×250，13.20kg/个，安装 7 个。

则制作工程量为 13.20×7＝92.40kg

查 9-63 套定额子目。

b. 安装：

周长为 2×(630＋250)＝1760mm

查 9-84 套定额子目。

④ 手动对开多叶调节阀 630×160 的制作安装

a. 制作：

查 T308-1，630×160，12.90kg/个，安装 2 个。

则制作工程量为 12.90×2＝25.80kg

查 9-62 套定额子目。

b. 安装：

周长为 2×(630＋160)＝1580mm

查 9-84 套定额子目。

⑤ 手动对开多叶调节阀 320×160 的制作安装

a. 制作：

查 T308-1，320×160，8.70kg/个，安装 2 个。

则制作工程量为 8.70×2＝17.40kg

查9-62套定额子目。

b. 安装：

周长为 $2\times(320+160)=960mm$

查9-84套定额子目。

⑥ 钢制蝶阀 250×120 的制作安装

a. 制作：

查钢质蝶阀（手柄式）矩形 T302-8，250×120，3.97kg/个，安装5个。

则制作工程量为 $3.97\times5=19.85kg$

查9-53套定额子目。

b. 安装：

周长为 $2\times(250+120)=740mm$

查9-72套定额子目。

⑦ 钢制蝶阀 200×120 的制作安装

a. 制作：

查钢质蝶阀（手柄式）矩形 T302-8，200×120，3.67kg/个，安装4个。

则制作工程量为 $3.67\times4=14.68kg$

查9-53套定额子目。

b. 安装：

周长为 $2\times(200+120)=640mm$

查9-72套定额子目。

⑧ 钢制蝶阀 160×120 的制作安装

a. 制作：

查钢质蝶阀（手柄式）矩形 T302-8，160×120，3.15kg/个，安装4个。

则制作工程量为 $3.15\times4=12.60kg$

查9-53套定额子目。

b. 安装：

周长为 $2\times(160+120)=560mm$

查9-72套定额子目。

⑨ 钢制蝶阀 120×120 的制作安装

a. 制作：

查钢质蝶阀（手柄式）矩形 T302-8，120×120，2.87kg/个，安装9个。

则制作工程量为 $2.87\times9=25.83kg$

查9-53套定额子目。

b. 安装：

周长为 $2\times(120+120)=480mm$

查9-72套定额子目。

6）碳钢风口、散流器制作安装

① 单层百叶风口 400×240 制作安装

a. 制作：

查单层百叶风口 T202-2，400×240，1.94kg/个，安装 12 个。

则制作工程量为 1.94×12＝23.28kg

查 9-94 套定额子目。

b. 安装：

周长为 2×(400＋240)＝1280mm

查 9-134 套定额子目。

② 方形散流器 300×300 制作安装

a. 制作：

查方形直片散流器 CT211-2，300×300，6.98kg/个，安装 24 个。

则制作工程量为 6.98×24＝167.52kg

查 9-113 套定额子目。

b. 安装：

周长为 2×(300＋300)＝1200mm

查 9-148 套定额子目。

7) 通风及空调设备制作安装

① 空调器制作安装：

a. 空调器制作安装

风量 5000m³/h，冷量 25.1kW，型号 G-5DF。

安装 2 台，吊顶式 0.2t 以内。

查 9-236 套定额子目。

b. 新风处理机组制作安装

风量 2500m³/h，冷量 31kW，型号 MHW025A，安装 2 台，吊顶式 0.15t 以内。

查 9-235 套定额子目。

② 风机盘管制作安装：

a. FP-10 制作安装：

FP-10，吊顶式，安装 2 台。

查 9-245 套定额子目。

b. FP-7.1 制作安装：

FP-7.1，吊顶式，安装 3 台。

查 9-245 套定额子目。

c. FP-6.3 制作安装：

FP-6.3，吊顶式，安装 11 台。

查 9-245 套定额子目。

d. FP-5 制作安装：

FP-5，吊顶式，安装 21 台。

查 9-245 套定额子目。

北京市某酒楼底层通风空调工程预算见表 5-22，分部分项工程量清单与计价见表 5-23，工程量清单综合单价分析见表 5-24～5-54。

工程预算表　　　　　　　　　　　　　　　　　　表 5-22

工程名称：北京市某酒楼底层通风空调工程　　　　　　　　　　　　　第　页　共　页

序号	定额编码	分项工程名称	计量单位	工程量	综合单价（元）	其中（元）			合价（元）
						人工费	材料费	机械费	
1	9-7	1000×320 风管制作安装	10m²	9.19	295.54	115.87	167.99	11.68	2716.01
2	9-7	800×320 风管制作安装	10m²	3.84	295.54	115.87	167.99	11.68	1134.87
3	9-6	630×320 风管制作安装	10m²	2.58	387.05	154.18	213.52	19.35	998.59
4	9-6	630×250 风管制作安装	10m²	7.37	387.05	154.18	213.52	19.35	2852.56
5	9-6	630×160 风管制作安装	10m²	4.24	387.05	154.18	213.52	19.35	1641.09
6	9-6	500×250 风管制作安装	10m²	4.05	387.05	154.18	213.52	19.35	1567.55
7	9-6	500×160 风管制作安装	10m²	4.83	387.05	154.18	213.52	19.35	1869.45
8	9-6	400×250 风管制作安装	10m²	3.55	387.05	154.18	213.52	19.35	1374.03
9	9-6	400×200 风管制作安装	10m²	0.77	387.05	154.18	213.52	19.35	298.03
10	9-6	320×160 风管制作安装	10m²	0.35	387.05	154.18	213.52	19.35	135.47
11	9-5	250×120 风管制作安装	10m²	1.02	441.65	211.77	196.98	32.90	450.48
12	9-5	200×120 风管制作安装	10m²	0.84	441.65	211.77	196.98	32.90	370.99
13	9-5	160×120 风管制作安装	10m²	1.35	441.65	211.77	196.98	32.90	596.23
14	9-5	120×120 风管制作安装	10m²	1.09	441.65	211.77	196.98	32.90	481.40
15	11-1999	1000×320 风管保温层	m³	8.54	62.01	29.72	25.54	6.75	529.57
16	11-1999	800×320 风管保温层	m³	3.64	62.01	29.72	25.54	6.75	225.72
17	11-1999	630×320 风管保温层	m³	2.50	62.01	29.72	25.54	6.75	155.03
18	11-1999	630×250 风管保温层	m³	7.23	62.01	29.72	25.54	6.75	448.33
19	11-1991	630×160 风管保温层	m³	4.24	59.56	32.51	20.30	6.75	252.53
20	11-1999	500×250 风管保温层	m³	4.08	62.01	29.72	25.54	6.75	253.00
21	11-1991	500×160 风管保温层	m³	4.98	59.56	32.51	20.30	6.75	296.61
22	11-1991	400×250 风管保温层	m³	3.68	59.56	32.51	20.30	6.75	219.18
23	11-1991	400×200 风管保温层	m³	0.81	59.56	32.51	20.30	6.75	48.24
24	11-1991	320×160 风管保温层	m³	0.39	59.56	32.51	20.30	6.75	23.23
25	11-1991	250×120 风管保温层	m³	1.22	59.56	32.51	20.30	6.75	72.66
26	11-1991	200×120 风管保温层	m³	1.06	59.56	32.51	20.30	6.75	63.13
27	11-1991	160×120 风管保温层	m³	1.77	59.56	32.51	20.30	6.75	105.42
28	11-1983	120×120 风管保温层	m³	1.52	63.51	36.46	20.30	6.75	95.99
29	11-2159	1000×320 风管防潮层	10m²	11.64	20.08	11.15	8.93	—	233.73
30	11-2159	800×320 风管防潮层	10m²	5.05	20.08	11.15	8.93	—	101.40
31	11-2159	630×320 风管防潮层	10m²	3.54	20.08	11.15	8.93	—	71.08
32	11-2159	630×250 风管防潮层	10m²	10.31	20.08	11.15	8.93	—	207.02
33	11-2159	630×160 风管防潮层	10m²	6.14	20.08	11.15	8.93	—	123.29
34	11-2159	500×250 风管防潮层	10m²	5.95	20.08	11.15	8.93	—	119.48
35	11-2159	500×160 风管防潮层	10m²	7.40	20.08	11.15	8.93	—	148.59
36	11-2159	400×250 风管防潮层	10m²	5.47	20.08	11.15	8.93	—	109.84
37	11-2159	400×200 风管防潮层	10m²	1.22	20.08	11.15	8.93	—	24.50
38	11-2159	320×160 风管防潮层	10m²	0.60	20.08	11.15	8.93	—	12.05
39	11-2159	250×120 风管防潮层	10m²	1.99	20.08	11.15	8.93	—	39.96

序号	定额编码	分项工程名称	计量单位	工程量	综合单价（元）	其中（元）			合价（元）
						人工费	材料费	机械费	
40	11-2159	200×120 风管防潮层	10m²	1.77	20.08	11.15	8.93	—	35.54
41	11-2159	160×120 风管防潮层	10m²	3.05	20.08	11.15	8.93	—	61.24
42	11-2159	120×120 风管防潮层	10m²	2.69	20.08	11.15	8.93	—	54.02
43	11-2153	1000×320 风管保护层	10m²	23.27	11.11	10.91	0.20	—	258.53
44	11-2153	800×320 风管保护层	10m²	10.10	11.11	10.91	0.20	—	112.21
45	11-2153	630×320 风管保护层	10m²	7.07	11.11	10.91	0.20	—	78.55
46	11-2153	630×250 风管保护层	10m²	20.63	11.11	10.91	0.20	—	229.20
47	11-2153	630×160 风管保护层	10m²	12.27	11.11	10.91	0.20	—	136.32
48	11-2153	500×250 风管保护层	10m²	11.89	11.11	10.91	0.20	—	132.10
49	11-2153	500×160 风管保护层	10m²	14.80	11.11	10.91	0.20	—	164.43
50	11-2153	400×250 风管保护层	10m²	10.95	11.11	10.91	0.20	—	121.65
51	11-2153	400×200 风管保护层	10m²	2.45	11.11	10.91	0.20	—	27.22
52	11-2153	320×160 风管保护层	10m²	1.21	11.11	10.91	0.20	—	13.44
53	11-2153	250×160 风管保护层	10m²	2.21	11.11	10.91	0.20	—	24.55
54	11-2153	250×120 风管保护层	10m²	3.97	11.11	10.91	0.20	—	44.11
55	11-2153	200×120 风管保护层	10m²	3.54	11.11	10.91	0.20	—	39.33
56	11-2153	160×120 风管保护层	10m²	6.09	11.11	10.91	0.20	—	67.66
57	11-2153	120×120 风管保护层	10m²	5.38	11.11	10.91	0.20	—	59.77
58	11-60	1000×320 风管刷第一遍调和漆	10m²	9.19	6.82	6.50	0.32	—	62.68
59	11-61	1000×320 风管刷第二遍调和漆	10m²	9.19	6.59	6.27	0.32	—	60.56
60	11-60	800×320 风管刷第一遍调和漆	10m²	3.84	6.82	6.50	0.32	—	26.19
61	11-61	800×320 风管刷第二遍调和漆	10m²	3.84	6.59	6.27	0.32	—	25.31
62	11-60	630×320 风管刷第一遍调和漆	10m²	2.58	6.82	6.50	0.32	—	17.60
63	11-61	630×320 风管刷第二遍调和漆	10m²	2.58	6.59	6.27	0.32	—	17.00
64	11-60	630×250 风管刷第一遍调和漆	10m²	7.37	6.82	6.50	0.32	—	50.26
65	11-61	630×250 风管刷第二遍调和漆	10m²	7.37	6.59	6.27	0.32	—	48.57
66	11-60	630×160 风管刷第一遍调和漆	10m²	4.24	6.82	6.50	0.32	—	28.92
67	11-61	630×160 风管刷第二遍调和漆	10m²	4.24	6.59	6.27	0.32	—	27.94
68	11-60	500×250 风管刷第一遍调和漆	10m²	4.05	6.82	6.50	0.32	—	27.62
69	11-61	500×250 风管刷第二遍调和漆	10m²	4.05	6.59	6.27	0.32	—	26.69
70	11-60	500×160 风管刷第一遍调和漆	10m²	4.83	6.82	6.50	0.32	—	32.94

续表

序号	定额编码	分项工程名称	计量单位	工程量	综合单价（元）	其中（元）			合价（元）
						人工费	材料费	机械费	
71	11-61	500×160 风管刷第二遍调和漆	10m²	4.83	6.59	6.27	0.32	—	31.83
72	11-60	400×250 风管刷第一遍调和漆	10m²	3.55	6.82	6.50	0.32	—	24.21
73	11-61	400×250 风管刷第二遍调和漆	10m²	3.55	6.59	6.27	0.32	—	23.39
74	11-60	400×200 风管刷第一遍调和漆	10m²	0.77	6.82	6.50	0.32	—	5.25
75	11-61	400×200 风管刷第二遍调和漆	10m²	0.77	6.59	6.27	0.32	—	5.07
76	11-60	320×160 风管刷第一遍调和漆	10m²	0.35	6.82	6.50	0.32	—	2.39
77	11-61	320×160 风管刷第二遍调和漆	10m²	0.35	6.59	6.27	0.32	—	2.31
78	11-60	250×120 风管刷第一遍调和漆	10m²	1.02	6.82	6.50	0.32	—	6.96
79	11-61	250×120 风管刷第二遍调和漆	10m²	1.02	6.59	6.27	0.32	—	6.72
80	11-60	200×120 风管刷第一遍调和漆	10m²	0.84	6.82	6.50	0.32	—	5.73
81	11-61	200×120 风管刷第二遍调和漆	10m²	0.84	6.59	6.27	0.32	—	5.54
82	11-60	160×120 风管刷第一遍调和漆	10m²	1.35	6.82	6.50	0.32	—	9.21
83	11-61	160×120 风管刷第二遍调和漆	10m²	1.35	6.59	6.27	0.32	—	8.90
84	11-60	120×120 风管刷第一遍调和漆	10m²	1.09	6.82	6.50	0.32	—	7.43
85	11-61	120×120 风管刷第二遍调和漆	10m²	1.09	6.59	6.27	0.32	—	7.18
86	9-63	手动对开多叶调节阀 1000×320 制作	100kg	0.40	920.30	226.63	525.99	167.68	368.12
87	9-84	手动对开多叶调节阀 1000×320 安装	个	2.00	25.77	10.45	15.32	—	51.54
88	9-62	手动对开多叶调节阀 630×320 制作	100kg	0.15	1103.29	344.58	546.37	212.34	165.49
89	9-84	手动对开多叶调节阀 630×320 安装	个	1.00	25.77	10.45	15.32	—	51.54
90	9-63	手动对开多叶调节阀 630×250 制作	100kg	0.92	920.30	226.63	525.99	167.68	846.68
91	9-84	手动对开多叶调节阀 630×250 安装	个	7.00	25.77	10.45	15.32	—	180.39
92	9-62	手动对开多叶调节阀 630×160 制作	100kg	0.26	1103.29	344.58	546.37	212.34	286.86
93	9-84	手动对开多叶调节阀 630×160 安装	个	2.00	25.77	10.45	15.32	—	51.54

续表

序号	定额编码	分项工程名称	计量单位	工程量	综合单价（元）	人工费	材料费	机械费	合价（元）
						其中（元）			
94	9-62	手动对开多叶调节阀 320×160 制作	100kg	0.17	1103.29	344.58	546.37	212.34	187.56
95	9-84	手动对开多叶调节阀 320×160 安装	个	2.00	25.77	10.45	15.32	—	51.54
96	9-54	钢质蝶阀 250×120 制作	100kg	0.20	701.39	188.55	393.25	119.59	140.28
97	9-72	钢质蝶阀 250×120 安装	个	5.00	7.32	4.88	2.22	0.22	36.60
98	9-53	钢质蝶阀 200×120 制作	100kg	0.15	1188.62	344.35	402.58	441.69	178.29
99	9-72	钢质蝶阀 200×120 安装	个	4.00	7.32	4.88	2.22	0.22	29.28
100	9-53	钢质蝶阀 160×120 制作	100kg	0.13	1188.62	344.35	402.58	441.69	154.52
101	9-72	钢质蝶阀 160×120 安装	个	4.00	7.32	4.88	2.22	0.22	29.28
102	9-54	钢质蝶阀 120×120 制作	100kg	0.26	701.39	188.55	393.25	119.59	194.70
103	9-72	钢质蝶阀 120×120 安装	个	9.00	7.32	4.88	2.22	0.22	65.88
104	9-95	单层百叶风口 400×240 制作	100kg	0.23	1345.72	828.49	506.41	10.82	309.52
105	9-134	单层百叶风口 400×240 安装	个	12.00	8.64	5.34	3.08	0.22	103.68
106	9-113	方形散流器 300×300 制作	100kg	1.68	1700.64	811.77	584.07	304.80	2857.08
107	9-148	方形散流器 300×300 安装	个	24.00	10.94	8.36	2.58	—	262.56
108	9-236	空调器制作安装	台	2.00	51.68	48.76	2.92	—	103.36
109	9-235	新风处理机组	台	2.00	44.72	41.80	2.92	—	89.44
110	9-245	风机盘管 FP-10	台	2.00	98.69	28.79	66.11	3.79	197.38
111	9-245	风机盘管 FP-7.1	台	3.00	98.69	28.79	66.11	3.79	296.07
112	9-245	风机盘管 FP-6.3	台	11.00	98.69	28.79	66.11	3.79	1085.59
113	9-245	风机盘管 FP-5.0	台	21.00	98.69	28.79	66.11	3.79	2072.49

分部分项工程量清单与计价表　　　　　　　表 5-23

工程名称：北京某酒楼底层通风空调工程　　　　　标段：　　　　　第　页　共　页

序号	项目编码	项目名称	项目特征描述	计量单位	工程量	综合单价	合价	其中：暂估价
						金额（元）		
			C.9 通风空调工程					
1	030702001001	碳钢风管制作安装	1000×320	m²	91.85	184.39	16936.22	—
2	030702001002	碳钢风管制作安装	800×320	m²	38.39	186.18	7174.45	—
3	030702001003	碳钢风管制作安装	630×320	m²	25.80	174.24	4495.39	—
4	030702001004	碳钢风管制作安装	630×250	m²	73.66	175.38	12918.49	—
5	030702001005	碳钢风管制作安装	630×160	m²	42.44	177.23	7521.64	—
6	030702001006	碳钢风管制作安装	500×250	m²	40.46	178.11	7206.33	—

续表

序号	项目编码	项目名称	项目特征描述	计量单位	工程量	综合单价	合价	其中：暂估价
						金额（元）		
	C.9 通风空调工程								
7	030702001007	碳钢风管制作安装	500×160	m²	48.25	180.59	8713.47	—
8	030702001008	碳钢风管制作安装	400×250	m²	35.49	181.09	6426.88	—
9	030702001009	碳钢风管制作安装	400×200	m²	7.70	182.77	1407.33	—
10	030702001010	碳钢风管制作安装	320×160	m²	3.48	188.38	655.56	—
11	030702001011	碳钢风管制作安装	250×120	m²	10.17	198.67	2020.47	—
12	030702001012	碳钢风管制作安装	200×120	m²	8.42	203.72	1715.32	—
13	030702001013	碳钢风管制作安装	160×120	m²	13.48	209.92	2829.72	—
14	030702001014	碳钢风管制作安装	120×120	m²	10.91	219.94	2399.55	—
15	030703001001	碳钢调节阀制作安装	手动对开多叶调节阀，1000×320	个	2	339.10	678.20	—
16	030703001002	碳钢调节阀制作安装	手动对开多叶调节阀，630×320	个	1	257.00	257.00	—
17	030703001003	碳钢调节阀制作安装	手动对开多叶调节阀，630×250	个	7	234.61	1642.27	—
18	030703001004	碳钢调节阀制作安装	手动对开多叶调节阀，630×160	个	2	221.13	442.26	—
19	030703001005	碳钢调节阀制作安装	手动对开多叶调节阀，320×160	个	2	167.43	334.86	—
20	030703001006	碳钢调节阀制作安装	钢制蝶阀，250×120	个	5	75.94	379.70	—
21	030703001007	碳钢调节阀制作安装	钢制蝶阀，200×120	个	4	71.21	284.84	—
22	030703001008	碳钢调节阀制作安装	钢制蝶阀，160×120	个	4	72.04	288.16	—
23	030703001009	碳钢调节阀制作安装	钢制蝶阀，120×120	个	9	39.35	354.15	—
24	030703007001	碳钢风口、散流器安装制作	单层百叶，400×240	个	12	63.71	764.52	—
25	030703007002	碳钢风口、散流器安装制作	方形，300×300	个	24	203.64	4887.36	—
26	030701003001	空调器	空调器 K-1	台	2	5106.78	10213.56	—
27	030701003002	空调器	新风处理机组	台	2	5091.95	10183.90	—
28	030701004001	风机盘管	FP-10	台	2	2131.22	4262.44	—
29	030701004002	风机盘管	FP-7.1	台	3	2131.22	6393.66	—
30	030701004003	风机盘管	FP-6.3	台	11	2131.22	23443.42	—
31	030701004004	风机盘管	FP-5	台	21	2131.22	44755.62	—
	本页小计								—
	合　计							191976.74	

2. 北京市某酒楼一层通风空调工程工程量清单综合单价分析

见表 5-24～表 5-54。

工程量清单综合单价分析表

表 5-24

工程名称：北京某酒楼底层通风空调工程　　　　标段：　　　　第 1 页　共 31 页

项目编码	030702001001	项目名称	碳钢风管制作安装	计量单位	m²	工程量	91.85

清单综合单价组成明细

定额编号	定额名称	定额单位	数量	单价				合价			
				人工费	材料费	机械费	管理费和利润	人工费	材料费	机械费	管理费和利润
9-7	1000×320 风管制作安装	10m²	0.10	115.87	167.99	11.68	130.93	11.59	16.80	1.17	13.10
11-1999	1000×320 风管保温层	m³	0.093	29.72	25.54	6.75	33.58	2.76	2.38	0.63	3.12
11-2159	1000×320 风管防潮层	10m²	0.13	11.15	8.93	—	12.60	1.45	1.16	—	1.64
11-2153	1000×320 风管保护层	10m²	0.25	10.91	0.20	—	12.33	2.73	0.05	—	3.08
11-60	1000×320 风管刷第一遍调和漆	10m²	0.10	6.50	0.32	—	7.35	0.65	0.032	—	0.73
11-61	1000×320 风管刷第二遍调和漆	10m²	0.10	6.27	0.32	—	7.09	0.63	0.032	—	0.71
人工单价		小计						19.81	20.45	1.80	22.38
23.22 元/工日		未计价材料费						119.95			
清单项目综合单价								184.39			

	主要材料名称、规格、型号				单位	数量	单价（元）	合价（元）	暂估单价（元）	暂估合价（元）
材料费明细	镀锌钢板 δ_1				kg	11.38×0.1×7.85	7.30	65.21		
	毡类制品				kg	1.03×0.093×45	8.93	38.49		
	油毡纸 350g				10m²	14×0.13	2.18	3.97		
	玻璃丝布 0.5mm				10m²	14×0.25	2.80	9.80		
	酚醛调和漆各色				kg	(1.05+0.93)×0.10	12.54	2.48		
	其他材料费						—		—	
	材料费小计						—	119.95	—	

注：1. 单价人工费、材料费、机械费可从《全国统一安装工程预算定额》查得；

　　2. 管理费和利润＝管理费＋利润，在此以人工费为基数，管理费＝人工费×62%，利润＝人工费×51%；

　　3. 合价人工费、材料费、机械费等于单价人工费、材料费、机械费乘以数量；

　　4. 数量＝定额工程量/（清单工程量×定额单位，如 1000×320 风管制作安装的数量＝91.84/(91.84×10)；

　　5. 未计价材料费＝人工费＋材料费＋机械费＋管理费和利润，清单项目综合单价＝人工费＋材料费＋机械费＋管理费和利润＋材料费小计。

工程量清单综合单价分析表

表 5-25

工程名称：北京某酒楼底层通风空调工程　　　　标段：　　　　第 2 页　共 31 页

项目编码	030702001002	项目名称	碳钢风管制作安装	计量单位	m²	工程量	38.39

清单综合单价组成明细

定额编号	定额名称	定额单位	数量	单价				合价			
				人工费	材料费	机械费	管理费和利润	人工费	材料费	机械费	管理费和利润
9-7	800×320 风管制作安装	10m²	0.10	115.87	167.99	11.68	130.93	11.59	16.80	1.17	13.09
11-1999	800×320 风管保温层	m³	0.095	29.72	25.54	6.75	33.58	2.82	2.42	0.64	3.18
11-2159	800×320 风管防潮层	10m²	0.13	11.15	8.93	—	12.60	1.47	1.17	—	1.66
11-2153	800×320 风管保护层	10m²	0.26	10.91	0.20	—	12.33	2.87	0.05	—	3.25
11-60	800×320 风管刷第一遍调和漆	10m²	0.10	6.50	0.32	—	7.35	0.65	0.03	—	0.73
11-61	800×320 风管刷第二遍调和漆	10m²	0.10	6.27	0.32	—	7.09	0.63	0.03	—	0.71
人工单价			小计					20.04	20.52	1.81	22.64
23.22 元/工日			未计价材料费					121.17			
清单项目综合单价								186.18			

	主要材料名称、规格、型号	单位	数量	单价（元）	合价（元）	暂估单价（元）	暂估合价（元）
材料费明细	镀锌钢板 δ1	kg	11.38×0.10×7.85	7.30	65.21		
	毡类制品	kg	1.03×0.095×45	8.93	39.32		
	油毡纸 350g	10m²	14×0.13	2.18	3.97		
	玻璃丝布 0.5mm	10m²	14×0.26	2.80	10.19		
	酚醛调和漆各色	kg	(1.05+0.93)×0.10	12.54	2.48		
	其他材料费			—		—	
	材料费小计			—	121.17	—	

工程量清单综合单价分析表　　　　　　　　　　表 5-26

工程名称：北京某酒楼底层通风空调工程　　　　　　标段：　　　　　　第 3 页　共 31 页

项目编码	030702001003	项目名称	碳钢风管制作安装	计量单位	m^2	工程量	25.80

清单综合单价组成明细

定额编号	定额名称	定额单位	数量	单价 人工费	单价 材料费	单价 机械费	单价 管理费和利润	合价 人工费	合价 材料费	合价 机械费	合价 管理费和利润
9-6	630×320 风管制作安装	10m²	0.10	154.18	213.52	19.35	174.22	15.42	21.35	1.94	17.42
11-1999	630×320 风管保温层	m³	0.097	29.72	25.54	6.75	33.58	2.88	2.48	0.66	3.26
11-2159	630×320 风管防潮层	10m²	0.14	11.15	8.93	—	12.60	1.53	1.22	—	1.73
11-2153	630×320 风管保护层	10m²	0.27	10.91	0.20	—	12.33	2.99	0.05	—	3.38
11-60	630×320 风管刷第一遍调和漆	10m²	0.10	6.50	0.32	—	7.35	0.65	0.032	—	0.73
11-61	630×320 风管刷第二遍调和漆	10m²	0.10	6.27	0.32	—	7.09	0.63	0.032	—	0.71
人工单价		小计						24.10	25.16	2.6	27.23
23.22 元/工日		未计价材料费						95.15			
清单项目综合单价								174.24			

主要材料名称、规格、型号	单位	数量	单价（元）	合价（元）	暂估单价（元）	暂估合价（元）
镀锌钢板 δ0.75	kg	11.38×0.10	33.10	37.67		
毡类制品	kg	1.03×0.097×45	8.93	40.15		
油毡纸 350g	10m²	14×0.14	2.18	4.27		
玻璃丝布 0.5mm	10m²	14×0.27	2.80	10.58		
酚醛调和漆各色	kg	(1.05+0.93)×0.10	12.54	2.48		
其他材料费			—		—	
材料费小计			—	95.15	—	

（左侧竖排）材料费明细

工程量清单综合单价分析表　　　　　　　　　　　　　　表 5-27

工程名称：北京某酒楼底层通风空调工程　　　　　　标段：　　　　　第 4 页　共 31 页

项目编码	030702001004	项目名称	碳钢风管制作安装	计量单位	m²	工程量	73.66

清单综合单价组成明细

定额编号	定额名称	定额单位	数量	单价 人工费	单价 材料费	单价 机械费	单价 管理费和利润	合价 人工费	合价 材料费	合价 机械费	合价 管理费和利润
9-6	630×250 风管制作安装	10m²	0.10	154.18	213.52	19.35	174.22	15.42	21.35	1.94	17.42
11-1999	630×250 风管保温层	m³	0.098	29.72	25.54	6.75	33.58	2.92	2.51	0.66	3.29
11-2159	630×250 风管防潮层	10m²	0.14	11.15	8.93	—	12.60	1.56	1.25	—	1.76
11-2153	630×250 风管保护层	10m²	0.28	10.91	0.20	—	12.33	3.05	0.06	—	3.45
11-60	630×250 风管刷第一遍调和漆	10m²	0.10	6.50	0.32	—	7.35	0.65	0.03	—	0.73
11-61	630×250 风管刷第二遍调和漆	10m²	0.10	6.27	0.32	—	7.09	0.63	0.03	—	0.71
人工单价			小计					24.23	25.23	2.60	27.36
23.22 元/工日			未计价材料费					95.96			
清单项目综合单价								175.38			

	主要材料名称、规格、型号	单位	数量	单价(元)	合价(元)	暂估单价(元)	暂估合价(元)
材料费明细	镀锌钢板 δ0.75	kg	11.38×0.10	33.10	37.67		
	毡类制品	kg	1.03×0.098×45	8.93	40.56		
	油毡纸 350g	10m²	14×0.14	2.18	4.27		
	玻璃丝布 0.5mm	10m²	14×0.28	2.80	10.98		
	酚醛调和漆各色	kg	(1.05+0.93)×0.10	12.54	2.48		
	其他材料费			—		—	
	材料费小计			—	95.96	—	

工程量清单综合单价分析表

表 5-28

工程名称：北京某酒楼底层通风空调工程　　　　标段：　　　　第 5 页　共 31 页

项目编码	030702001005	项目名称	碳钢风管制作安装	计量单位	m²	工程量	42.44

清单综合单价组成明细

定额编号	定额名称	定额单位	数量	单价				合价			
				人工费	材料费	机械费	管理费和利润	人工费	材料费	机械费	管理费和利润
9-6	630×160 风管制作安装	10m²	0.10	154.18	213.52	19.35	174.22	15.42	21.35	1.94	17.42
11-1991	630×160 风管保温层	m³	0.10	32.51	20.30	6.75	36.74	3.25	2.03	0.68	3.67
11-2159	630×160 风管防潮层	10m²	0.14	11.15	8.93	—	12.60	1.61	1.29	—	1.82
11-2153	630×160 风管保护层	10m²	0.29	10.91	0.20	—	12.33	3.16	0.06	—	3.57
11-60	630×160 风管刷第一遍调和漆	10m²	0.10	6.50	0.32	—	7.35	0.65	0.03	—	0.73
11-61	630×160 风管刷第二遍调和漆	10m²	0.10	6.27	0.32	—	7.09	0.63	0.03	—	0.71
人工单价			小计					24.72	24.79	2.62	27.92
23.22 元/工日			未计价材料费					97.18			
清单项目综合单价								177.23			

主要材料名称、规格、型号	单位	数量	单价(元)	合价(元)	暂估单价(元)	暂估合价(元)
镀锌钢板 δ0.75	kg	11.38×0.10	33.10	37.67		
毡类制品	kg	1.03×0.10×45	8.93	41.39		
油毡纸 350g	10m²	14×0.14	2.18	4.27		
玻璃丝布 0.5mm	10m²	14×0.29	2.80	11.37		
酚醛调和漆各色	kg	(1.05+0.93)×0.10	12.54	2.48		
其他材料费			—		—	
材料费小计			—	97.18	—	

材料费明细

工程量清单综合单价分析表　　　　　表 5-29

工程名称：北京某酒楼底层通风空调工程　　　　标段：　　　　　第 6 页　共 31 页

项目编码	030702001006	项目名称	碳钢风管制作安装	计量单位	m²	工程量	40.46

清单综合单价组成明细

定额编号	定额名称	定额单位	数量	单价				合价			
				人工费	材料费	机械费	管理费和利润	人工费	材料费	机械费	管理费和利润
9-6	500×250 风管制作安装	10m²	0.10	154.18	213.52	19.35	174.22	15.42	21.35	1.94	17.42
11-1999	500×250 风管保温层	m³	0.101	29.72	25.54	6.75	33.58	2.99	2.57	0.68	3.38
11-2159	500×250 风管防潮层	10m²	0.15	11.15	8.93	—	12.60	1.64	1.31	—	1.85
11-2153	500×250 风管保护层	10m²	0.29	10.91	0.20	—	12.33	3.20	0.06	—	3.62
11-60	500×250 风管刷第一遍调和漆	10m²	0.10	6.50	0.32	—	7.35	0.65	0.032	—	0.73
11-61	500×250 风管刷第二遍调和漆	10m²	0.10	6.27	0.32	—	7.09	0.63	0.032	—	0.71
人工单价		小计						24.53	25.35	2.62	27.71
23.22 元/工日		未计价材料费						97.90			
清单项目综合单价								178.11			

	主要材料名称、规格、型号	单位	数量	单价（元）	合价（元）	暂估单价（元）	暂估合价（元）
材料费明细	镀锌钢板 δ0.75	kg	11.38×0.10	33.10	37.67		
	毡类制品	kg	1.03×0.101×45	8.93	41.80		
	油毡纸 350g	10m²	14×0.15	2.18	4.58		
	玻璃丝布 0.5mm	10m²	14×0.29	2.80	11.37		
	酚醛调和漆各色	kg	(1.05+0.93)×0.10	12.54	2.48		
	其他材料费			—			
	材料费小计			—	97.90	—	

工程量清单综合单价分析表　　　　　表5-30

工程名称：北京某酒楼底层通风空调工程　　　　标段：　　　　　第7页　共31页

项目编码	030702001007	项目名称	碳钢风管制作安装	计量单位	m²	工程量	48.25

清单综合单价组成明细

定额编号	定额名称	定额单位	数量	单价				合价			
				人工费	材料费	机械费	管理费和利润	人工费	材料费	机械费	管理费和利润
9-6	500×160 风管制作安装	10m²	0.10	154.18	213.52	19.35	174.22	15.42	21.35	1.94	17.42
11-1991	500×160 风管保温层	m³	0.103	32.51	20.30	6.75	36.74	3.36	2.10	0.70	3.80
11-2159	500×160 风管防潮层	10m²	0.15	11.15	8.93	—	12.60	1.71	1.37	—	1.93
11-2153	500×160 风管保护层	10m²	0.31	10.91	0.20	—	12.33	3.35	0.06	—	3.79
11-60	500×160 风管刷第一遍调和漆	10m²	0.10	6.50	0.32	—	7.35	0.65	0.032	—	0.73
11-61	500×160 风管刷第二遍调和漆	10m²	0.10	6.27	0.32	—	7.09	0.63	0.032	—	0.71
人工单价			小计					25.12	24.94	2.64	28.38
23.22 元/工日			未计价材料费					99.51			
清单项目综合单价								180.59			

	主要材料名称、规格、型号	单位	数量	单价(元)	合价(元)	暂估单价(元)	暂估合价(元)
材料费明细	镀锌钢板δ0.75	kg	11.38×0.10	33.10	37.67		
	毡类制品	kg	1.03×0.103×45	8.93	42.63		
	油毡纸 350g	10m²	14×0.15	2.18	4.58		
	玻璃丝布 0.5mm	10m²	14×0.31	2.80	12.15		
	酚醛调和漆各色	kg	(1.05+0.93)×0.10	12.54	2.48		
	其他材料费			—		—	
	材料费小计			—	99.51	—	

工程量清单综合单价分析表

表 5-31

工程名称：北京某酒楼底层通风空调工程　　　　　标段：　　　　　第 8 页　共 31 页

项目编码	030702001008	项目名称	碳钢风管制作安装	计量单位	m²	工程量	35.49

清单综合单价组成明细

定额编号	定额名称	定额单位	数量	单　价				合　价			
				人工费	材料费	机械费	管理费和利润	人工费	材料费	机械费	管理费和利润
9-6	400×250 风管制作安装	10m²	0.10	154.18	213.52	19.35	174.22	15.42	21.35	1.94	17.42
11-1991	400×250 风管保温层	m³	0.104	32.51	20.30	6.75	36.74	3.37	2.10	0.70	3.81
11-2159	400×250 风管防潮层	10m²	0.15	11.15	8.93	—	12.60	1.72	1.38	—	1.94
11-2153	400×250 风管保护层	10m²	0.31	10.91	0.20	—	12.33	3.37	0.06	—	3.80
11-60	400×250 风管刷第一遍调和漆	10m²	0.10	6.50	0.32	—	7.35	0.65	0.032	—	0.73
11-61	400×250 风管刷第二遍调和漆	10m²	0.10	6.27	0.32	—	7.09	0.63	0.032	—	0.71
人工单价			小计					25.16	24.96	2.63	28.42
23.22 元/工日			未计价材料费					99.93			
清单项目综合单价								181.09			

	主要材料名称、规格、型号		单位	数量	单价（元）	合价（元）	暂估单价（元）	暂估合价（元）
材料费明细	镀锌钢板 δ0.75		kg	11.38×0.10	33.10	37.67		
	毡类制品		kg	1.03×0.104×45	8.93	43.05		
	油毡纸 350g		10m²	14×0.15	2.18	4.58		
	玻璃丝布 0.5mm		10m²	14×0.31	2.80	12.15		
	酚醛调和漆各色		kg	(1.05+0.93)×0.10	12.54	2.48		
	其他材料费				—		—	
	材料费小计				—	99.93	—	

工程量清单综合单价分析表　　　　　　　　　　　表 5-32

工程名称：北京某酒楼底层通风空调工程　　　　　标段：　　　　第 9 页　共 31 页

项目编码	030702001009	项目名称	碳钢风管制作安装	计量单位	m²	工程量	7.70

清单综合单价组成明细

定额编号	定额名称	定额单位	数量	单价				合价			
				人工费	材料费	机械费	管理费和利润	人工费	材料费	机械费	管理费和利润
9-6	400×200 风管制作安装	10m²	0.10	154.18	213.52	19.35	174.22	15.42	21.35	1.94	17.42
11-1991	400×200 风管保温层	m³	0.105	32.51	20.30	6.75	36.74	3.42	2.13	0.71	3.86
11-2159	400×200 风管防潮层	10m²	0.16	11.15	8.93	—	12.60	1.78	1.43	—	2.01
11-2153	400×200 风管保护层	10m²	0.32	10.91	0.20	—	12.33	3.49	0.06	—	3.94
11-60	400×200 风管刷第一遍调和漆	10m²	0.10	6.50	0.32	—	7.35	0.65	0.032	—	0.73
11-61	400×200 风管刷第二遍调和漆	10m²	0.10	6.27	0.32	—	7.09	0.63	0.032	—	0.71
人工单价		小计						25.39	25.03	2.65	28.67
23.22 元/工日		未计价材料费						101.03			
清单项目综合单价								182.77			

	主要材料名称、规格、型号		单位	数量	单价（元）	合价（元）	暂估单价（元）	暂估合价（元）
材料费明细	镀锌钢板 δ0.75		kg	11.38×0.10	33.10	37.67		
	毡类制品		kg	1.03×0.105×45	8.93	43.46		
	油毡纸 350g		10m²	14×0.16	2.18	4.88		
	玻璃丝布 0.5mm		10m²	14×0.32	2.80	12.54		
	酚醛调和漆各色		kg	(1.05+0.93)×0.10	12.54	2.48		
	其他材料费				—		—	
	材料费小计				—	101.03	—	

工程量清单综合单价分析表　　表 5-33

工程名称：北京某酒楼底层通风空调工程　　　　标段：　　　　第 10 页　共 31 页

| 项目编码 | 030702001010 | 项目名称 | 碳钢风管制作安装 | 计量单位 | m² | 工程量 | 3.48 |

清单综合单价组成明细

定额编号	定额名称	定额单位	数量	单　价				合　价			
				人工费	材料费	机械费	管理费和利润	人工费	材料费	机械费	管理费和利润
9-6	320×160 风管制作安装	10m²	0.10	154.18	213.52	19.35	174.22	15.42	21.35	1.94	17.42
11-1991	320×160 风管保温层	m³	0.111	32.51	20.30	6.75	36.74	3.61	2.25	0.75	4.08
11-2159	320×160 风管防潮层	10m²	0.17	11.15	8.93	—	12.60	1.90	1.52	—	2.15
11-2153	320×160 风管保护层	10m²	0.35	10.91	0.20	—	12.33	3.82	0.07	—	4.32
11-60	320×160 风管刷第一遍调和漆	10m²	0.10	6.50	0.32	—	7.35	0.65	0.032	—	0.73
11-61	320×160 风管刷第二遍调和漆	10m²	0.10	6.27	0.32	—	7.09	0.63	0.032	—	0.71
人工单价			小计					26.03	25.25	2.69	29.41
23.22 元/工日			未计价材料费					105.00			
清单项目综合单价								188.38			

材料费明细	主要材料名称、规格、型号	单位	数量	单价（元）	合价（元）	暂估单价（元）	暂估合价（元）
	镀锌钢板 δ0.75	kg	11.38×0.10	33.10	37.67		
	毡类制品	kg	1.03×0.111×45	8.93	45.94		
	油毡纸 350g	10m²	14×0.17	2.18	5.19		
	玻璃丝布 0.5mm	10m²	14×0.35	2.80	13.72		
	酚醛调和漆各色	kg	(1.05+0.93)×0.10	12.54	2.48		
	其他材料费			—		—	
	材料费小计			—	105.00	—	

工程量清单综合单价分析表　　表 5-34

工程名称：北京某酒楼底层通风空调工程　　　　标段：　　　　第 11 页　共 31 页

项目编码	030702001011	项目名称	碳钢风管制作安装	计量单位	m²	工程量	10.17

清单综合单价组成明细

定额编号	定额名称	定额单位	数量	单价				合价			
				人工费	材料费	机械费	管理费和利润	人工费	材料费	机械费	管理费和利润
9-5	250×120 风管制作安装	10m²	0.10	211.77	196.98	32.90	239.30	21.18	19.70	3.29	23.93
11-1991	250×120 风管保温层	m³	0.12	32.51	20.30	6.75	36.74	3.90	2.44	0.81	4.41
11-2159	250×120 风管防潮层	10m²	0.20	11.15	8.93	—	12.60	2.23	1.79	—	2.52
11-2153	250×120 风管保护层	10m²	0.39	10.91	0.20	—	12.33	4.25	0.08	—	4.80
11-60	250×120 风管刷第一遍调和漆	10m²	0.10	6.50	0.32	—	7.35	0.65	0.032	—	0.73
11-61	250×120 风管刷第二遍调和漆	10m²	0.10	6.27	0.32	—	7.09	0.63	0.032	—	0.71
人工单价				小计				32.84	24.07	4.10	37.1
23.22 元/工日				未计价材料费				100.56			
清单项目综合单价								198.67			

主要材料名称、规格、型号	单位	数量	单价（元）	合价（元）	暂估单价（元）	暂估合价（元）
镀锌钢板 δ0.5	kg	11.38×0.10×3.925	6.05	27.02		
毡类制品	kg	1.03×0.12×45	8.93	49.67		
油毡纸 350g	10m²	14×0.20	2.18	6.10		
玻璃丝布 0.5mm	10m²	14×0.39	2.80	15.29		
酚醛调和漆各色	kg	(1.05+0.93)×0.10	12.54	2.48		
其他材料费			—	—		
材料费小计			—	100.56		

（材料费明细）

工程量清单综合单价分析表　　　　表 5-35

工程名称：北京某酒楼底层通风空调工程　　　标段：　　　第 12 页　共 31 页

项目编码	030702001012	项目名称	碳钢风管制作安装	计量单位	m²	工程量	8.42

清单综合单价组成明细

定额编号	定额名称	定额单位	数量	单价				合价			
				人工费	材料费	机械费	管理费和利润	人工费	材料费	机械费	管理费和利润
9-5	200×120 风管制作安装	10m²	0.10	211.77	196.98	32.90	239.30	21.18	19.70	3.29	23.93
11-1991	200×120 风管保温层	m³	0.125	32.51	20.30	6.75	36.74	4.06	2.54	0.84	4.59
11-2159	200×120 风管防潮层	10m²	0.21	11.15	8.93	—	12.60	2.34	1.88	—	2.64
11-2153	200×120 风管保护层	10m²	0.42	10.91	0.20	—	12.33	4.58	0.08	—	5.18
11-60	200×120 风管刷第一遍调和漆	10m²	0.10	6.50	0.32	—	7.35	0.65	0.032	—	0.73
11-61	200×120 风管刷第二遍调和漆	10m²	0.10	6.27	0.32	—	7.09	0.63	0.032	—	0.71
人工单价		小计						33.44	24.26	4.13	37.78
23.22 元/工日		未计价材料费						104.11			
清单项目综合单价								203.72			

	主要材料名称、规格、型号	单位	数量	单价（元）	合价（元）	暂估单价（元）	暂估合价（元）
材料费明细	镀锌钢板 δ0.5	kg	11.38×0.10×3.925	6.05	27.02		
	毡类制品	kg	1.03×0.125×45	8.93	51.74		
	油毡纸 350g	10m²	14×0.21	2.18	6.41		
	玻璃丝布 0.5mm	10m²	14×0.42	2.80	16.46		
	酚醛调和漆各色	kg	(1.05+0.93)×0.10	12.54	2.48		
	其他材料费			—		—	
	材料费小计			—	104.11	—	

工程量清单综合单价分析表　　　　　　表 5-36

工程名称：北京某酒楼底层通风空调工程　　　　标段：　　　　　第 13 页　共 31 页

| 项目编码 | 030702001013 | 项目名称 | 碳钢风管制作安装 | 计量单位 | m² | 工程量 | 13.48 |

清单综合单价组成明细

定额编号	定额名称	定额单位	数量	单价				合价			
				人工费	材料费	机械费	管理费和利润	人工费	材料费	机械费	管理费和利润
9-5	160×120 风管制作安装	10m²	0.10	211.77	196.98	32.90	239.30	21.18	19.70	3.29	23.93
11-1991	160×120 风管保温层	m³	0.131	32.51	20.30	6.75	36.74	4.26	2.66	0.88	4.81
11-2159	160×120 风管防潮层	10m²	0.23	11.15	8.93	—	12.60	2.56	2.05	—	2.89
11-2153	160×120 风管保护层	10m²	0.45	10.91	0.20	—	12.33	4.91	0.09	—	5.55
11-60	160×120 风管刷第一遍调和漆	10m²	0.10	6.50	0.32	—	7.35	0.65	0.032	—	0.73
11-61	160×120 风管刷第二遍调和漆	10m²	0.10	6.27	0.32	—	7.09	0.63	0.032	—	0.71
人工单价		小计						34.19	24.56	4.17	38.62
23.22 元/工日		未计价材料费						108.38			
清单项目综合单价								209.92			

材料费明细	主要材料名称、规格、型号	单位	数量	单价（元）	合价（元）	暂估单价（元）	暂估合价（元）
	镀锌钢板 δ0.5	kg	11.38×0.10×3.925	6.05	27.02		
	毡类制品	kg	1.03×0.131×45	8.93	54.22		
	油毡纸 350g	10m²	14×0.23	2.18	7.02		
	玻璃丝布 0.5mm	10m²	14×0.45	2.80	17.64		
	酚醛调和漆各色	kg	(1.05+0.93)×0.10	12.54	2.48		
	其他材料费			—		—	
	材料费小计			—	108.38	—	

工程量清单综合单价分析表　　　　　　　　　　　　　　　　　　　表 5-37

工程名称：北京某酒楼底层通风空调工程　　　　　　　标段：　　　　　　第 14 页　共 31 页

项目编码	030702001014	项目名称	碳钢风管制作安装	计量单位	m²	工程量	10.91

清单综合单价组成明细

定额编号	定额名称	定额单位	数量	单价				合价			
				人工费	材料费	机械费	管理费和利润	人工费	材料费	机械费	管理费和利润
9-5	120×120 风管制作安装	10m²	0.10	211.77	196.98	32.90	239.30	21.18	19.70	3.29	23.93
11-1983	120×120 风管保温层	m³	0.14	36.46	20.30	6.75	41.20	5.10	2.84	0.95	5.76
11-2159	120×120 风管防潮层	10m²	0.25	11.15	8.93	—	12.60	2.79	2.23	—	3.15
11-2153	120×120 风管保护层	10m²	0.50	10.91	0.20	—	12.33	5.41	0.10	—	6.11
11-60	120×120 风管刷第一遍调和漆	10m²	0.10	6.50	0.32	—	7.35	0.65	0.032	—	0.73
11-61	120×120 风管刷第二遍调和漆	10m²	0.10	6.27	0.32	—	7.09	0.63	0.032	—	0.71
人工单价			小计					35.72	24.91	4.24	40.39
23.22 元/工日			未计价材料费					114.68			
清单项目综合单价								219.94			

材料费明细	主要材料名称、规格、型号	单位	数量	单价（元）	合价（元）	暂估单价（元）	暂估合价（元）
	镀锌钢板 δ0.5	kg	11.38×0.10×3.925	6.05	27.02		
	毡类制品	kg	1.03×0.14×45	8.93	57.95		
	油毡纸 350g	10m²	14×0.25	2.18	7.63		
	玻璃丝布 0.5mm	10m²	14×0.50	2.80	19.60		
	酚醛调和漆各色	kg	(1.05+0.93)×0.10	12.54	2.48		
	其他材料费			—		—	
	材料费小计			—	114.68	—	

工程量清单综合单价分析表　　　　　　　　　　　　表 5-38

工程名称：北京某酒楼底层通风空调工程　　　　　　标段：　　　　　　第 15 页　共 31 页

| 项目编码 | 030703001001 | 项目名称 | 碳钢调节阀制作安装 | 计量单位 | 个 | 工程量 | 2 |

清单综合单价组成明细

定额编号	定额名称	定额单位	数量	单价				合价			
				人工费	材料费	机械费	管理费和利润	人工费	材料费	机械费	管理费和利润
9-62	手动对开多叶调节阀1000×320 制作	100kg	0.202	344.58	546.37	212.34	389.38	69.61	110.37	42.89	78.65
9-84	手动对开多叶调节阀1000×320 安装	个	1	10.45	15.32	—	11.81	10.45	15.32	—	11.81
人工单价		小计						80.06	125.69	42.89	90.46
23.22 元/工日		未计价材料费						—			
清单项目综合单价								339.10			

材料费明细	主要材料名称、规格、型号	单位	数量	单价（元）	合价（元）	暂估单价（元）	暂估合价（元）
	其他材料费					—	
	材料费小计					—	

工程量清单综合单价分析表　　　　　　　　　　　　表 5-39

工程名称：北京某酒楼底层通风空调工程　　　　　　标段：　　　　　　第 16 页　共 31 页

| 项目编码 | 030703001002 | 项目名称 | 碳钢调节阀制作安装 | 计量单位 | 个 | 工程量 | 1 |

清单综合单价组成明细

定额编号	定额名称	定额单位	数量	单价				合价			
				人工费	材料费	机械费	管理费和利润	人工费	材料费	机械费	管理费和利润
9-62	手动对开多叶调节阀630×320 制作	100kg	0.147	344.58	546.37	212.34	389.38	50.65	80.32	31.21	57.24
9-84	手动对开多叶调节阀630×320 安装	个	1	10.45	15.32	—	11.81	10.45	15.32	—	11.81
人工单价		小计						61.10	95.64	31.21	69.05
23.22 元/工日		未计价材料费						—			
清单项目综合单价								257.00			

材料费明细	主要材料名称、规格、型号	单位	数量	单价（元）	合价（元）	暂估单价（元）	暂估合价（元）
	其他材料费					—	
	材料费小计					—	

工程量清单综合单价分析表　　　　表 5-40

工程名称：北京某酒楼底层通风空调工程　　　　　标段：　　　　　第 17 页　共 31 页

项目编码	030703001003	项目名称	碳钢调节阀制作安装	计量单位		个	工程量			7

清单综合单价组成明细

定额编号	定额名称	定额单位	数量	单价				合价			
				人工费	材料费	机械费	管理费和利润	人工费	材料费	机械费	管理费和利润
9-62	手动对开多叶调节阀 630×250 制作	100kg	0.132	344.58	546.37	212.34	389.38	45.48	72.12	28.03	51.40
9-84	手动对开多叶调节阀 630×250 安装	个	1	10.45	15.32	—	11.81	10.45	15.32	—	11.81
人工单价			小计					55.93	87.44	28.03	63.21
23.22 元/工日			未计价材料费					—			
清单项目综合单价								234.61			

材料费明细	主要材料名称、规格、型号				单位	数量	单价（元）	合价（元）	暂估单价（元）	暂估合价（元）
	其他材料费						—		—	
	材料费小计						—		—	

工程量清单综合单价分析表　　　　表 5-41

工程名称：北京某酒楼底层通风空调工程　　　　　标段：　　　　　第 18 页　共 31 页

项目编码	030703001004	项目名称	碳钢调节阀制作安装	计量单位		个	工程量			2

清单综合单价组成明细

定额编号	定额名称	定额单位	数量	单价				合价			
				人工费	材料费	机械费	管理费和利润	人工费	材料费	机械费	管理费和利润
9-62	手动对开多叶调节阀 630×160 制作	100kg	0.129	344.58	546.37	212.34	389.38	44.45	70.48	27.39	50.23
9-84	手动对开多叶调节阀 630×160 安装	个	1	10.45	15.32	—	11.81	10.45	15.32	—	11.81
人工单价			小计					45.90	85.80	27.39	62.04
23.22 元/工日			未计价材料费					—			
清单项目综合单价								221.13			

材料费明细	主要材料名称、规格、型号				单位	数量	单价（元）	合价（元）	暂估单价（元）	暂估合价（元）
	其他材料费						—		—	
	材料费小计						—		—	

工程量清单综合单价分析表　　　　　　　　　　　　　　　　**表 5-42**

工程名称：北京某酒楼底层通风空调工程　　　　　标段：　　　　　第 19 页　共 31 页

项目编码	030703001005	项目名称	碳钢调节阀制作安装	计量单位	个	工程量	2

清单综合单价组成明细										
定额编号	定额名称	定额单位	数量	单价				合价			
				人工费	材料费	机械费	管理费和利润	人工费	材料费	机械费	管理费和利润
9-62	手动对开多叶调节阀 320×160 制作	100kg	0.087	344.58	546.37	212.34	389.38	29.98	47.53	18.47	33.88
9-84	手动对开多叶调节阀 320×160 安装	个	1	10.45	15.32	—	11.81	10.45	15.32	—	11.81

人工单价	小计	40.43	62.85	18.47	45.68
23.22 元/工日	未计价材料费	—			
清单项目综合单价		167.43			

材料费明细	主要材料名称、规格、型号	单位	数量	单价（元）	合价（元）	暂估单价（元）	暂估合价（元）
	其他材料费			—		—	
	材料费小计			—		—	

工程量清单综合单价分析表　　　　　　　　　　　　　　　　**表 5-43**

工程名称：北京某酒楼底层通风空调工程　　　　　标段：　　　　　第 20 页　共 31 页

项目编码	030703001006	项目名称	碳钢调节阀制作安装	计量单位	个	工程量	5

清单综合单价组成明细										
定额编号	定额名称	定额单位	数量	单价				合价			
				人工费	材料费	机械费	管理费和利润	人工费	材料费	机械费	管理费和利润
9-53	钢制蝶阀 250×120 制作	100kg	0.04	344.35	402.58	441.69	389.12	13.77	16.10	17.67	11.56
9-72	钢制蝶阀 250×120 安装	个	1	4.88	2.22	0.22	5.51	4.88	2.22	0.22	5.51

人工单价	小计	18.65	18.32	17.89	21.08
23.22 元/工日	未计价材料费	—			
清单项目综合单价		75.94			

材料费明细	主要材料名称、规格、型号	单位	数量	单价（元）	合价（元）	暂估单价（元）	暂估合价（元）
	其他材料费			—		—	
	材料费小计			—		—	

工程量清单综合单价分析表　　　　　　　　　　　　表 5-44

工程名称：北京某酒楼底层通风空调工程　　　　　标段：　　　　　第 21 页　共 31 页

| 项目编码 | 030703001007 | 项目名称 | 碳钢调节阀制作安装 | 计量单位 | 个 | 工程量 | 4 |

清单综合单价组成明细

定额编号	定额名称	定额单位	数量	单价				合价			
				人工费	材料费	机械费	管理费和利润	人工费	材料费	机械费	管理费和利润
9-53	钢制蝶阀 200×120 制作	100kg	0.037	344.35	402.58	441.69	389.12	12.74	14.90	16.34	14.40
9-72	钢制蝶阀 200×120 安装	个	1	4.88	2.22	0.22	5.51	4.88	2.22	0.22	5.51
人工单价		小计						17.62	17.12	16.56	19.91
23.22 元/工日		未计价材料费						—			
清单项目综合单价								71.21			

	主要材料名称、规格、型号			单位	数量	单价（元）	合价（元）	暂估单价（元）	暂估合价（元）
材料费明细									
	其他材料费						—		—
	材料费小计						—		—

工程量清单综合单价分析表　　　　　　　　　　　　表 5-45

工程名称：北京某酒楼底层通风空调工程　　　　　标段：　　　　　第 22 页　共 31 页

| 项目编码 | 030703001008 | 项目名称 | 碳钢调节阀制作安装 | 计量单位 | 个 | 工程量 | 4 |

清单综合单价组成明细

定额编号	定额名称	定额单位	数量	单价				合价			
				人工费	材料费	机械费	管理费和利润	人工费	材料费	机械费	管理费和利润
9-53	钢制蝶阀 160×120 制作	100kg	0.032	344.35	402.58	441.69	389.12	11.02	12.88	14.13	12.45
9-72	钢制蝶阀 160×120 安装	个	1	4.88	2.22	0.22	5.51	4.88	2.22	8.94	5.51
人工单价		小计						15.90	15.10	23.07	17.97
23.22 元/工日		未计价材料费						—			
清单项目综合单价								72.04			

	主要材料名称、规格、型号			单位	数量	单价（元）	合价（元）	暂估单价（元）	暂估合价（元）
材料费明细									
	其他材料费						—		—
	材料费小计						—		—

工程量清单综合单价分析表　　　　　　　　　表 5-46

工程名称：北京某酒楼底层通风空调工程　　　　　标段：　　　　　第 23 页　共 31 页

| 项目编码 | 030703001009 | 项目名称 | 碳钢调节阀制作安装 | 计量单位 | 个 | 工程量 | 9 |

清单综合单价组成明细

定额编号	定额名称	定额单位	数量	单价				合价			
				人工费	材料费	机械费	管理费和利润	人工费	材料费	机械费	管理费和利润
9-53	钢制蝶阀 120×120 制作	100kg	0.029	188.55	393.25	119.59	213.06	5.47	11.40	3.47	6.18
9-72	钢制蝶阀 120×120 安装	个	1	4.88	2.22	0.22	5.51	4.88	2.22	0.22	5.51
人工单价			小计					10.35	13.62	3.69	11.69
23.22 元/工日			未计价材料费					—			
清单项目综合单价								39.35			

	主要材料名称、规格、型号				单位	数量	单价(元)	合价(元)	暂估单价(元)	暂估合价(元)
材料费明细										
	其他材料费							—		—
	材料费小计							—		—

工程量清单综合单价分析表　　　　　　　　　表 5-47

工程名称：北京某酒楼底层通风空调工程　　　　　标段：　　　　　第 24 页　共 31 页

| 项目编码 | 030703007001 | 项目名称 | 碳钢风口制作安装 | 计量单位 | 个 | 工程量 | 12 |

清单综合单价组成明细

定额编号	定额名称	定额单位	数量	单价				合价			
				人工费	材料费	机械费	管理费和利润	人工费	材料费	机械费	管理费和利润
9-95	单层百叶风口 400×240 制作	100kg	0.019	828.49	506.41	10.82	936.19	15.70	9.62	0.21	17.79
9-134	单层百叶风口 400×240 安装	个	1	8.36	2.58	—	9.45	8.36	2.58	—	9.45
人工单价			小计					24.06	12.20	0.21	27.24
23.22 元/工日			未计价材料费					—			
清单项目综合单价								63.71			

	主要材料名称、规格、型号				单位	数量	单价(元)	合价(元)	暂估单价(元)	暂估合价(元)
材料费明细										
	其他材料费							—		—
	材料费小计							—		—

工程量清单综合单价分析表

表 5-48

工程名称：北京某酒楼底层通风空调工程　　　　　标段：　　　　　

项目编码	030703007002	项目名称	散流器制作安装	计量单位	个	工程量	24

清单综合单价组成明细

定额编号	定额名称	定额单位	数量	单价				合价			
				人工费	材料费	机械费	管理费和利润	人工费	材料费	机械费	管理费和利润
9-113	方形散流器300×300制作	100kg	0.07	811.77	584.07	304.80	917.30	56.82	40.88	21.34	64.21
9-148	方形散流器300×300安装	个	1	8.36	2.58	—	9.45	8.36	2.58	—	9.45
人工单价		小计						65.18	43.46	21.34	73.66
23.22 元/工日		未计价材料费						—			
清单项目综合单价								203.64			

材料费明细	主要材料名称、规格、型号	单位	数量	单价（元）	合价（元）	暂估单价（元）	暂估合价（元）
	其他材料费			—		—	
	材料费小计			—		—	

工程量清单综合单价分析表

表 5-49

工程名称：北京某酒楼底层通风空调工程　　　　　标段：　　　　　

项目编码	030701003001	项目名称	空调器	计量单位	台	工程量	2

清单综合单价组成明细

定额编号	定额名称	定额单位	数量	单价				合价			
				人工费	材料费	机械费	管理费和利润	人工费	材料费	机械费	管理费和利润
9-236	空调器 K-1 制作安装	台	1	48.76	2.92	—	55.10	48.76	2.92	—	55.10
人工单价		小计						48.76	2.92	—	55.10
23.22 元/工日		未计价材料费						5000			
清单项目综合单价								5106.78			

材料费明细	主要材料名称、规格、型号	单位	数量	单价（元）	合价（元）	暂估单价（元）	暂估合价（元）
	空调器	台	1.0×1	5000	5000		
	其他材料费			—		—	
	材料费小计			—	5000	—	

工程量清单综合单价分析表　　　　　　　　　　　　表 5-50

工程名称：北京某酒楼底层通风空调工程　　　　　　标段：　　　　　第 27 页　共 31 页

项目编码	030701003002	项目名称	空调器	计量单位	台	工程量	2

清单综合单价组成明细

定额编号	定额名称	定额单位	数量	单价				合价			
				人工费	材料费	机械费	管理费和利润	人工费	材料费	机械费	管理费和利润
9-235	新风处理机组制作安装	台	1	41.80	2.92	—	47.23	41.80	2.92	—	47.23
	人工单价		小计					41.80	2.92	—	47.23
	23.22 元/工日		未计价材料费					5000			
	清单项目综合单价							5091.95			

	主要材料名称、规格、型号	单位	数量	单价（元）	合价（元）	暂估单价（元）	暂估合价（元）
材料费明细	空调器	台	1.0×1	5000	5000		
	其他材料费			—		—	
	材料费小计			—	5000	—	

工程量清单综合单价分析表　　　　　　　　　　　　表 5-51

工程名称：北京某酒楼底层通风空调工程　　　　　　标段：　　　　　第 28 页　共 31 页

项目编码	030701004001	项目名称	风机盘管	计量单位	台	工程量	2

清单综合单价组成明细

定额编号	定额名称	定额单位	数量	单价				合价			
				人工费	材料费	机械费	管理费和利润	人工费	材料费	机械费	管理费和利润
9-245	风机盘管 FP-10 制作安装	台	1	28.79	66.11	3.79	32.53	28.79	66.11	3.79	32.53
	人工单价		小计					28.79	66.11	3.79	32.53
	23.22 元/工日		未计价材料费					2000			
	清单项目综合单价							2131.22			

	主要材料名称、规格、型号	单位	数量	单价（元）	合价（元）	暂估单价（元）	暂估合价（元）
材料费明细	风机盘管	台	1.0×1	2000	2000		
	其他材料费			—		—	
	材料费小计			—	2000	—	

工程量清单综合单价分析表　　　　　　　　　　　　　　　　表 5-52

工程名称：北京某酒楼底层通风空调工程　　　　　　　标段：　　　　　　第 29 页　共 31 页

项目编码	030701004002	项目名称	风机盘管	计量单位	台	工程量	3

清单综合单价组成明细

定额编号	定额名称	定额单位	数量	单价				合价			
				人工费	材料费	机械费	管理费和利润	人工费	材料费	机械费	管理费和利润
9-245	风机盘管 FP-7.1 制作安装	台	1	28.79	66.11	3.79	32.53	28.79	66.11	3.79	32.53
人工单价		小计						28.79	66.11	379	32.53
23.22 元/工日		未计价材料费						2000			
清单项目综合单价								2131.22			

	主要材料名称、规格、型号	单位	数量	单价（元）	合价（元）	暂估单价（元）	暂估合价（元）
材料费明细	空调器	台	1.0×1	2000	2000		
	其他材料费			—		—	
	材料费小计			—	2000	—	

工程量清单综合单价分析表　　　　　　　　　　　　　　　　表 5-53

工程名称：北京某酒楼底层通风空调工程　　　　　　　标段：　　　　　　第 30 页　共 31 页

项目编码	030701004003	项目名称	风机盘管	计量单位	台	工程量	11

清单综合单价组成明细

定额编号	定额名称	定额单位	数量	单价				合价			
				人工费	材料费	机械费	管理费和利润	人工费	材料费	机械费	管理费和利润
9-245	风机盘管 FP-6.3 制作安装	台	1	28.79	66.11	3.79	32.53	28.79	66.11	3.79	32.53
人工单价		小计						28.79	66.11	379	32.53
23.22 元/工日		未计价材料费						2000			
清单项目综合单价								2131.22			

	主要材料名称、规格、型号	单位	数量	单价（元）	合价（元）	暂估单价（元）	暂估合价（元）
材料费明细	风机盘管	台	1.0×1	2000	2000		
	其他材料费			—		—	
	材料费小计			—	2000	—	

工程量清单综合单价分析表　　　　　　　　　　　**表 5-54**

工程名称：北京某酒楼底层通风空调工程　　　　　　标段：　　　　　　第 31 页　共 31 页

项目编码	030701004004	项目名称	风机盘管	计量单位	台	工程量	21

清单综合单价组成明细

定额编号	定额名称	定额单位	数量	单价				合价			
				人工费	材料费	机械费	管理费和利润	人工费	材料费	机械费	管理费和利润
9-245	风机盘管 FP-5 制作安装	台	1	28.79	66.11	3.79	32.53	28.79	66.11	3.79	32.53
人工单价		小计						28.79	66.11	3.79	32.53
23.22 元/工日		未计价材料费						2000			
清单项目综合单价								2131.22			

材料费明细	主要材料名称、规格、型号	单位	数量	单价（元）	合价（元）	暂估单价（元）	暂估合价（元）
	风机盘管	台	1.0×1	2000	2000		
	其他材料费			—		—	
	材料费小计			—	2000	—	

3. 北京市某酒楼一层通风空调工程投标报价编制

投 标 总 价

招标人：北京市某酒楼

工程名称：北京市某酒楼通风空调安装工程

投标总价（小写）：253251/元

（大写）：贰拾伍万叁仟贰佰伍拾壹圆整

投标人：某某通风空调安装公司单位公章
　　　　　　　　　　　（单位盖章）

法定代表人或其授权人：某某通风空调安装公司
　　　　　　　　　　　　　（签字或盖章）

编制人：×××签字盖造价工程师或造价员专用章
　　　　　　　　　　（造价人员签字盖专用章）

编制时间：××××年×月×日

总　说　明

工程名称：北京市某酒楼通风空调安装工程　　　　　　　　　　　　　第　页　共　页

　　1. 工程概况：

　　本工程为北京市某酒楼通风空调安装工程,该工程根据房间使用功能不同,包间、办公室采用风机盘管加独立新风系统,而餐厅大堂采用全空气一次回风系统,新风经由混风箱与回风混合后由各空气处理机组处理后由散流器送至工作区。该空调系统中的风管均采用优质碳素钢镀锌钢板,其厚度:风管周长<2000mm 时为 0.75mm;风管周长<4000mm 时为 1mm;风管周长>4000mm 时为 1.2mm。除新风口外,各风口均采用铝合金材料。风管保温材料采用厚度为 80mm 的玻璃丝毡,防潮层采用沥青油毡纸,保护层采用两层玻璃布,外刷两遍调和漆。

　　2. 投标控制价包括范围：

　　为本次招标的酒楼施工图范围内的通风空调安装工程。

　　3. 投标控制价编制依据：

　　(1)招标文件及其所提供的工程量清单和有关计价的要求,招标文件的补充通知和答疑纪要。

　　(2)该酒楼施工图及投标施工组织设计。

　　(3)有关的技术标准,规范和安全管理规定。

　　(4)省建设主管部门颁发的计价定额和计价管理办法及有关计价文件。

　　(5)材料价格采用工程所在地工程造价管理机构年月工程造价信息发布的价格信息,对于造价信息没有发布的材料,其价格参照市场价。

工程项目投标报价汇总表　　　　　　　　　　表 5-55

工程名称：北京市某酒楼通风空调安装工程　　　　　　　　　　　　　第 1 页　共 1 页

序号	单项工程名称	金额(元)	其中(元)		
			暂估价	安全文明施工费	规费
1	北京市某酒楼通风空调安装工程	253250.63	10000	1168.65	2317.32
	合计	253250.63	10000	1168.65	2317.32

单项工程投标报价汇总表　　　　　　　　　　表 5-56

工程名称：北京市某酒楼通风空调安装工程　　　　　　　　　　　　　第 1 页　共 1 页

序号	单项工程名称	金额(元)	其中(元)		
			暂估价	安全文明施工费	规费
1	北京市某酒楼通风空调安装工程	253250.63	10000	1168.65	2317.32
	合计	253250.63	10000	1168.65	2317.32

单位工程投标报价汇总表　　　　　　　　　　　　　　　　表 5-57

工程名称：北京市某酒楼通风空调安装工程　　　　　　　　　　　第 1 页 共 1 页

序号	汇 总 内 容	金额(元)	其中:暂估价(元)
1	分部分项工程	191976.74	
1.1	北京市某酒楼通风空调安装工程	191976.74	
2	措施项目	3653.96	
2.1	安全文明施工费	1168.65	
3	其他项目	46769.55	
3.1	暂列金额	19749.55	
3.2	专业工程暂估价	10000	
3.3	计日工	6620	
3.4	总承包服务费	400	
4	规费	2317.32	
5	税金	8533.06	
	招标控制价合计＝1＋2＋3＋4＋5	253250.63	

注：这里的分部分项工程中存在暂估价。

分部分项工程量清单与计价表见表 5-58。

措施项目清单与计价表　　　　　　　　　　　　　　　　　表 5-58

工程名称：北京市某酒楼通风空调安装工程　　　　标段：　　　　第 1 页 共 1 页

序号	项 目 名 称	计算基础	费率(%)	金额(元)
1	文明施工费	人工费(15581.91)	3.5	545.37
2	安全施工费	人工费	4.0	623.28
3	生活性临时设施费	人工费	7.3	1137.48
4	生产性临时设施费	人工费	3.6	560.95
5	夜间施工费	人工费	1.0	155.82
6	冬雨季施工增加费	人工费	1.1	171.40
7	二次搬运费	人工费	0.35	54.54
8	工程定位复测、工程点交、场地清理	人工费	0.2	31.16
9	生产工具用具使用费	人工费	2.4	373.97
	合计			3653.96

注：该表费率参考《山西省建设工程施工取费定额》(2005)。

其他项目清单与计价汇总表　　　　　　　　　　　　　　表5-59

工程名称：北京市某酒楼通风空调安装工程　　　　　　　标段：　　　　　第1页　共1页

序号	项目名称	计量单位	金额(元)	备　注
1	暂列金额	项	19749.55	一般按分部分项工程的(197495.46)10%～15%
2	暂估价		10000	
2.1	材料暂估价			
2.2	专业工程暂估价	项	10000	
3	计日工		6620	
4	总承包服务费		400	一般为专业工程估价的3%～5%
	合　计		46769.55	—

注：第1、4项备注参考《建设工程工程量清单计价规范》GB 50500—2013，材料暂估单价进入清单项目综合单价此处不汇总。

计日工表　　　　　　　　　　　　　　　　　表5-60

工程名称：北京市某酒楼通风空调安装工程　　　　　　　标段：　　　　　第1页　共1页

编号	项目名称	单位	暂定数量	综合单价	合价
一	人工				
1	普工	工日	50	70	3500
2	技工(综合)	工日	20	90	1800
3					
4					
	人工小计				5300
二	材料				
1					
2					
3					
4					
5					
6					
	材料小计				
三	施工机械				
1	灰浆搅拌机	台班	1	40	40
2	自升式塔式起重机	台班	2	640	1280
3					
4					
	施工机械小计				1320
	总计				6620

注：此表项目，名称由招标人填写，编制招标控制价时，单价由招标人按有关计价规定确定；投标时，单价由投标人自主报价，计入投标总价中。

规费、税金项目计价表　　　　　　　　　　　　表 5-61

工程名称：北京市某酒楼通风空调安装工程　　　　标段：　　　　第 页 共 页

序号	项目名称	计算基础	计算基数	计算费率(%)	金额(元)
1	规费	定额人工费			2713.32
1.1	社会保险费	定额人工费			
(1)	养老保险费	定额人工费	34028.15	3.9	1327.10
(2)	失业保险费	定额人工费		0.25	85.07
(3)	医疗保险费	定额人工费		0.9	306.25
(4)	工伤保险费	定额人工费		0.12	40.83
(5)	生育保险费	定额人工费			
1.2	住房公积金	定额人工费		1.3	442.37
1.3	工程排污费	按工程所在地环境保护部门收取标准,按实计入			
2	税金	分部分项工程费＋措施项目费＋其他项目费＋规费一按规定不计税的工程设备金额			
	合计				

编制人（造价人员）：　　　　　　　　　　　复核人（造价工程师）：

5.5　某校电子计算机房采暖设计工程量计算

1. 某校电子计算机房采暖设计工程量计算讲解

（1）清单工程量

1）设备

① 散热器安装

由图 4-6 和图 4-7 可知，一层铸铁 M132 型散热器片数 14×24×2＋14×5×1＝742 片

【注释】　14——表示每组散热器的片数；

24——表示立管数，即立管 L1 和 L2、L4、L5、L6、L9、L12、L13、L14、L15、L17、L18、L19、L20、L21、L22、L23、L24、L25、L26、L27、L28、L29、L30；

2——表示一根立管带两组散热器；

5——表示立管数，即立管 L3 和 L7、L8、L10、L11，他们在第一层各带一组散热器。

二层散热器片数的数量为 12×25×2＋12×5×1＝660 片

【注释】　12——表示每组散热器的片数；

25——表示立管数，即立管 L1 和 L2、L4、L5、L6、L9、L12、L13、L14、L15、L16、L17、L18、L19、L20、L21、L22、L23、L24、L25、L26、L27、L28、L29、L30；

2——表示一根立管带两组散热器；

5——表示立管数，即立管 L3 和 L7、L8、L10、L11，他们在第一层各带一组散热器。

三层散热器片数 $13 \times 25 \times 2 + 13 \times 5 \times 1 = 715$ 片

【注释】 13——表示每组散热器的片数；

25——表示立管数，即立管 L1 和 L2、L4、L5、L6、L9、L12、L13、L14、L15、L16、L17、L18、L19、L20、L21、L22、L23、L24、L25、L26、L27、L28、L29、L30；

2——表示一根立管带两组散热器；

5——表示立管数，即立管 L3 和 L7、L8、L10、L11，他们在第一层各带一组散热器。

由以上计算可知该采暖工程所需散热器片数共计：742 片（底层）+660 片（中间层）+715 片（顶层）=2117 片

② 阀门

$DN15$ 截止阀 1：每组散热器与供水立管相连接的水管各设一个，共计 163 个。

计算方法：一层散热器的组数：$24 \times 2 + 5 \times 1 = 53$ 组

二层和三层每层散热器的组数：$25 \times 2 + 5 \times 1 = 55$ 组/层

散热器共：53 组+55 组/层×2 层=163 组，$DN15$ 截止阀 1 的个数与散热器的组数相等。

【注释】 其中 24——表示立管数，即立管 L1 和 L2、L4、L5、L6、L9、L12、L13、L14、L15、L17、L18、L19、L20、L21、L22、L23、L24、L25、L26、L27、L28、L29、L30；

5——表示立管数，即立管 L3 和 L7、L8、L10、L11，他们在每一层各带一组散热器；

2——表示一根立管带两组散热器；

1——表示一根立管带一组散热器；

25——表示立管数，即立管 L1 和 L2、L4、L5、L6、L9、L12、L13、L14、L15、L16、L17、L18、L19、L20、L21、L22、L23、L24、L25、L26、L27、L28、L29、L30。

$DN15$ 截止阀 2：每根供水立管 $DN15$ 的始端和末端各设一个，共计 10 个。

计算方法：$5 \times 2 = 10$ 个

【注释】 其中 5——表示立管数，即立管 L3 和 L7、L8、L10、L11，他们均是 $DN15$ 的立管在始端和末端各设一个；

2——表示始端一个，末端一个，共计两个。

$DN20$ 截止阀：每根供水立管 $DN20$ 的始端和末端各设一个，共计 50 个。

计算方法：$25 \times 2 = 50$ 个

【注释】 其中 25——表示立管数，即立管 L1 和 L2、L4、L5、L6、L9、L12、L13、L14、L15、L16、L17、L18、L19、L20、L21、L22、L23、L24、L25、L26、L27、L28、L29、L30，他们均是 $DN20$ 的立管在始端和末端各设一个；

2——表示始端一个，末端一个，共计两个。

$DN80$ 截止阀：供回水总管（即热水引入管、引出管）各设一个截止阀，共计 2 个。

$DN15$ 自动排气阀：在集气罐的短管末端设自动排气阀，共 8 个。

温度仪表：热水引入和引出管的供回水干管上各设温度仪表一个，共计 2 个。

压力仪表：热水引入和引出管的供回水干管上各设压力仪表一个，共计 2 个。

流量仪表：此计算机房仅需要 1 个流量仪。

③ 膨胀水箱

在系统中设置开口式的膨胀水箱一个，膨胀水箱的膨胀水管，接到循环水泵吸入口。膨胀水箱的尺寸长×宽×高为 1400mm×900mm×1100mm，本体重量为 255.1kg，有效容积为 $1.2m^3$。

【注释】 由《简明供热设计手册》方形膨胀水箱一览表可查得膨胀水箱的尺寸，本体重量和有效容积，有效容积即公称容积。

④ 集气罐

在供回水干管末端的最高处，设置集气排气设备，即集气罐。本设计共采用 8 个集气罐，采用直径为 $\phi100mm$ 的短管制成的集气罐，顶部连接直径 $\phi15mm$ 的放气管，高度为 300mm，重量为 5.24kg。

【注释】 本工程集气罐选型号 1 的集气罐，由《简明供热设计手册》集气罐尺寸表 4-9，可查得集气罐的尺寸，高度（长度）和直径，以及顶部连接的排气管的直径。

2）管道

① 室外管道：

根据《暖通空调规范实施手册》可知，采暖热源管道室内外以入口阀门为界，室外热力管井至外墙面距离为 5m，入口阀门距外墙面距离 1.2m，故室外焊接钢管 $DN80$ 的管长为：$(5-1.2)×2=7.6m$。

【注释】 其中 2 表示立管数，一根供水立管，一根回水立管。

② 室内管道：

a. 焊接钢管 $DN80$（室内）：

供水焊接钢管 $DN80$：$0.54+(9.550-1.000)=9.09m$

回水焊接钢管 $DN80$：$0.54+(3.150-0.000)=3.69m$

共计：$9.09+3.69=12.78m$

【注释】 其中 0.54——表示供水干管 $DN80$ 的水平长度；

9.550——表示供水干管标高；

1.000——表示一层立管的末端的标高；

3.150——表示回水干管标高。

b. 焊接钢管 $DN65$：

ⓐ供水焊接钢管 $DN65$：2.87m

ⓑ回水焊接钢管 $DN65$：3.01m

ⓒ共计：$2.87+3.01=5.88m$

【注释】 其中 2.87——表示总供水干管到分支管一和二的交点处之间 $DN65$ 供水干管的长度；

3.01——表示总回水干管到分支管一和二的交点处之间 $DN65$ 回水干管的长度。

c. 焊接钢管 DN50：

ⓐ供水焊接钢管 DN50：1.50＋11.86＋1.17＋4.78＋4.77＝24.08m

ⓑ回水焊接钢管 DN50：1.46＋11.86＋1.02＋4.78＋4.77＝23.89m

ⓒ共计：24.08＋23.89＝47.97m

【注释】　其中ⓐ中的 1.50m——表示总供水干管到分支管三和四的交点处之间供水干

管 DN50 的长度；

ⓐ中的 11.86＋1.17——表示分支管一和二的交点处到 21 号供水立管之间供

水干管 DN50 的长度；

ⓐ中的 4.78——表示 21～22 号供水立管之间的供水干管 DN50 的

长度；

ⓐ中的 4.77——表示 22～23 号供水立管之间的供水干管 DN50 的

长度；

ⓑ中的 1.46——表示总回水干管到分支管三和四的交点处之间 DN50

回水干管的长度；

ⓑ中的 11.86＋1.02——表示分支管一和二的交点处到 21 号回水立管之间回

水干管 DN50 的长度；

ⓑ中的 4.78——表示 21～22 号回水立管之间的回水干管 DN50 的

长度；

ⓑ中的 4.77——表示 22～23 号回水立管之间的回水干管 DN50 的

长度。

d. 焊接钢管 DN40：

ⓐ供水焊接钢管 DN40：

0.25＋6.62＋8.70＋2.59＋6.30＋5.79＋6.83＋5.26＋4.82＋3.58＋3.65＝54.39m

ⓑ回水焊接钢管 DN40：

0.27＋6.42＋8.70＋2.47＋6.52＋5.58＋6.90＋5.42＋4.82＋3.58＋3.65＝54.33m

ⓒ共计：54.39＋54.33＝108.72m

【注释】　其中

ⓐ中的 0.25——表示分支管一和二的交点处至 7 号供水立管之间供水干管 DN40 的

长度；

ⓐ中的 6.62——表示 7～6 号供水立管之间供水干管 DN40 的长度；

ⓐ中的 8.70——表示 6～5 号供水立管之间供水干管 DN40 的长度；

ⓐ中的 2.59——表示分支管三和四的交点处至 8 号供水立管之间供水干管 DN40 的

长度；

ⓐ中的 6.30——表示 8～9 号供水立管之间供水干管 DN40 的长度；

ⓐ中的 5.79——表示 9～10 号供水立管之间供水干管 DN40 的长度；

ⓐ中的 6.83——表示 10～11 号供水立管之间供水干管 DN40 的长度；

ⓐ中的 5.26——表示 11～12 号供水立管之间供水干管 DN40 的长度；

ⓐ中的 4.82——表示 23～24 号供水立管之间供水干管 DN40 的长度；

ⓐ中的 3.58——表示 24～25 号供水立管之间供水干管 DN40 的长度；

ⓐ中的 3.65——表示 25～26 号供水立管之间供水干管 DN40 的长度；

ⓑ中的 0.27——表示分支管一和二的交点处到 7 号回水立管之间回水干管 DN40 的长度；

ⓑ中的 6.42——表示 7～6 号回水立管之间回水干管 DN40 的长度；

ⓑ中的 8.70——表示 6～5 号回水立管之间回水干管 DN40 的长度；

ⓑ中的 2.47——表示分支管三和四的交点处至 8 号回水立管之间回水干管 DN40 的长度；

ⓑ中的 6.52——表示 8～9 号回水立管之间回水干管 DN40 的长度；

ⓑ中的 5.58——表示 9～10 号回水立管之间回水干管 DN40 的长度；

ⓑ中的 6.90——表示 10～11 号回水立管之间回水干管 DN40 的长度；

ⓑ中的 5.42——表示 11～12 号回水立管之间回水干管 DN40 的长度；

ⓑ中的 4.82——表示 23～24 号回水立管之间回水干管 DN40 的长度；

ⓑ中的 3.58——表示 24～25 号回水立管之间回水干管 DN40 的长度；

ⓑ中的 3.65——表示 25～26 号回水立管之间回水干管 DN40 的长度。

e. 焊接钢管 DN32：

ⓐ供水焊接钢管 DN32：

7.13＋7.28＋4.91＋2.49＋7.78＋4.75＋3.65＋11.86＋3.55＋3.65＝57.05m

ⓑ回水焊接钢管 DN32：

7.16＋7.27＋4.78＋2.37＋7.76＋4.75＋3.65＋11.86＋3.55＋3.65＝56.80m

ⓒ共计：57.05＋56.80＝113.85m

【注释】 其中

ⓐ中的 7.13——表示 3～4 号供水立管之间供水干管 DN32 的长度；

ⓐ中的 7.28——表示 4～5 号供水立管之间供水干管 DN32 的长度；

ⓐ中的 4.91＋2.49——表示 12～13 号供水立管之间供水干管 DN32 的长度；

ⓐ中的 7.78——表示 13～14 号供水立管之间供水干管 DN32 的长度；

ⓐ中的 4.75——表示 19～20 号供水立管之间供水干管 DN32 的长度；

ⓐ中的 3.65（第一个）＋11.86——表示 20 号供水立管至分支管三和四的交点处之间供水干管 DN32 的长度；

ⓐ中的 3.55——表示 26～27 号供水立管之间供水干管 DN32 的长度；

ⓐ中的 3.65（第二个）——表示 27～28 号供水立管之间供水干管 DN32 的长度；

ⓑ中的 7.16——表示 3～4 号回水立管之间回水干管 DN32 的长度；

ⓑ中的 7.27——表示 4～5 号回水立管之间回水干管 DN32 的长度；

ⓑ中的 4.78＋2.37——表示 12～13 号回水立管之间回水干管 DN32 的长度；

ⓑ中的 7.76——表示 13～14 号回水立管之间回水干管 DN32 的长度；

ⓑ中的 4.75——表示 19～20 号回水立管之间回水干管 DN32 的长度；

ⓑ中的 3.65（第一个）＋11.86——表示 20 号回水立管至分支管三和四的交点处之间回水干管 DN32 的长度；

ⓑ中的 3.55——表示 26～27 号回水立管之间回水干管 DN32 的长度；

ⓑ中的 3.65（第二个）——表示 27～28 号回水立管之间回水干管 DN32 的长度。

f. 焊接钢管 $DN25$：

ⓐ 供水焊接钢管 $DN25$：$3.55+5.15+4.90+4.84+7.16=25.60$m

ⓑ 回水焊接钢管 $DN25$：$3.52+5.32+5.03+4.84+7.16=25.87$m

ⓒ 共计：$25.60+25.87=51.47$m

【注释】 其中

ⓐ中的 3.55——表示 2～3 号供水立管之间供水干管 $DN25$ 的长度；

ⓐ中的 5.15＋4.90——表示 14～15 号供水立管之间供水干管 $DN25$ 的长度；

ⓐ中的 4.84——表示 18～19 号供水立管之间供水干管 $DN25$ 的长度；

ⓐ中的 7.16——表示 28～29 号供水立管之间供水干管 $DN25$ 的长度；

ⓑ中的 3.52——表示 2～3 号回水立管之间回水干管 $DN25$ 的长度；

ⓑ中的 5.32＋5.03——表示 14～15 号回水立管之间回水干管 $DN25$ 的长度；

ⓑ中的 4.84——表示 18～19 号回水立管之间回水干管 $DN25$ 的长度；

ⓑ中的 7.16——表示 28～29 号回水立管之间回水干管 $DN25$ 的长度。

g. 焊接钢管 $DN20$：

ⓐ 供水焊接钢管 $DN20$：

$8.22+4.47+4.57+7.03+（9.550-1.000）×25=238.04$m

ⓑ 回水焊接钢管 $DN20$：

$8.22+4.46+4.56+7.03+(3.150-0.000)×25=103.02$m

ⓒ 共计：$238.04+103.02=341.06$m，其中不需要做保温和保护层的长度为（9.550－1.000)×25＋(3.150－0.000)×25＝292.50m，需要做的为 8.22＋4.47＋4.57＋7.03＋8.22＋4.46＋4.56＋7.03＝48.56m

【注释】 其中

ⓐ中的 8.22——表示 1～2 号供水立管之间的供水干管 $DN20$ 的长度；

ⓐ中的 4.47——表示 15～16 号供水立管之间的供水干管 $DN20$ 的长度；

ⓐ中的 4.57——表示 17～18 号供水立管之间的供水干管 $DN20$ 的长度；

ⓐ中的 7.03——表示 29～30 号供水立管之间的供水干管 $DN20$ 的长度；

ⓐ中的 9.550——表示供水干管标高；

ⓐ中的 1.000——表示一层供水立管末端的标高；

ⓐ和ⓑ中的 25——表示立管数，即立管 L1 和 L2、L4、L5、L6、L9、L12、L13、L14、L15、L16、L17、L18、L19、L20、L21、L22、L23、L24、L25、L26、L27、L28、L29、L30；

ⓑ中的 8.22——表示 1～2 号回水立管之间的回水干管 $DN20$ 的长度；

ⓑ中的 4.46——表示 15～16 号回水立管之间的回水干管 $DN20$ 的长度；

ⓑ中的 4.56——表示 17～18 号回水立管之间的回水干管 $DN20$ 的长度；

ⓑ中的 7.03——表示 29～30 号回水立管之间的回水干管 $DN20$ 的长度；

ⓑ中的 3.150——表示回水干管标高；

ⓒ中的 0.000——表示地面的标高。

h. 焊接钢管 $DN15$：

ⓐ供水镀锌钢管 $DN15$：

$2.90 \times 2 \times 3 + 0.78 \times 4 \times 3 + 2.30 \times 3 \times 3 + 3.10 \times 1 \times 3 + 4.00 \times 2 \times 3 + 1.16 \times 3 \times 3 +$

$1.16 \times 1 \times 2 + 1.80 \times 14 \times 3 + (9.550 - 1.000) \times 5 = 211.87\text{m}$

ⓑ回水焊接钢管 $DN15$：

$2.90 \times 2 \times 3 + 0.78 \times 4 \times 3 + 2.30 \times 3 \times 3 + 3.10 \times 1 \times 3 + 4.00 \times 2 \times 3 + 1.16 \times 3 \times 3 +$

$1.16 \times 1 \times 2 + 1.80 \times 14 \times 3 + (3.150 - 0.000) \times 5 = 184.87\text{m}$

共计：$211.87 + 184.87 = 396.74\text{m}$

【注释】 其中

焊接钢管 $DN15$——表示与散热器相连接的供回水管，且供回水的长度相等，同时还包括 $DN15$ 的立管；

　　　　　2.90——表示立管 L1 和 L2 所带的散热器与立管相连接的长度；

　　　　　　　2——表示立管数，即立管 L1 和 L2；

3（第一个和第二个、第四个、第五个、第六个、第八个、第九个）——表示这种立管在每一层都分别与散热器相连，共三层；

　　　　0.78——表示这种立管 L3、L7、L8、L10 与散热器相连的长度；

　　　　　　4——表示立管数，即立管 L3 和 L7、L8、L10；

　　　　2.30——表示这种立管 L4、L13、L14 与散热器相连的长度；

3（第三个）——表示立管数，即立管 L4 和 L13、L14；

　　　　3.10——表示这种立管 L5 与散热器相连的长度；

1（第一个）——表示立管 L5；

　　　　4.00——表示这种立管 L6、L9 与散热器相连的长度；

　　　　　　2——表示立管数，即立管 L6 和 L9；

　　　　1.16——表示这种立管 L11、L12、L15 与散热器相连的长度；

3（第七个）——表示立管数，即立管 L11 和 L12、L15；

　1.16×1×2——表示立管 16，仅仅在二、三层与散热器相连接，其中的 1 表示一根立管 L16，2 表示立管仅在二、三层与散热器相连接；

　　　　1.80——表示这种立管 L17、L18、L19、L20、L21、L22、L23、L25、L26、L27、L28、L29、L30 与散热器相连的长度；

　　　　　14——表示立管数，即立管 L17 和 L18、L19、L20、L21、L22、L23、L24、L25、L26、L27、L28、L29、L30；

　ⓐ中的 9.550——表示供水干管标高；

　ⓐ中的 1.000——表示一层供水立管末端的标高；

　ⓑ中的 3.150——表示回水干管标高；

　ⓑ中的 0.000——表示地面的标高。

③ 管道支架制作安装

本设计中选用 A 型不保温双管支架，管道支架的安装应按表 5-62 安装。

根据《建筑安装工程施工图集》知：层高小于等于 5m 时，每层需安装一个支架，位置距地面 8m。当层高大于 5m 时，每层需安装 2 个，位置匀称安装。本工程层高均小于 5m，综上可知，立管 $DN15$ 需安装 5×4 个，即 20 个；立管 $DN20$ 需安装 25×4 个，即 100 个；$DN80$ 的支架共设 3 个。

管道支架的安装表 表 5-62

管道公称直径(mm)		15	20	25	32	40	50	65	80	100
支架最大间距(m)	保温管	1.5	2.0	2.0	2.5	3.0	3.0	4.0	4.0	4.5
	不保温管	2.5	3.0	3.5	4.0	4.5	5.0	6.0	6.0	6.5

对于水平干管：由图 4-3 和图 4-5 可知 $DN20$ 的支架共设 7×2，共计 14 个，综上可知，$DN20$ 的支架共设 $100+14=114$ 个；$DN25$ 的支架共设 6×2，共计 12 个；$DN32$ 的支架共设 14×2，共计 28 个；$DN40$ 的支架共设 12×2，共计 24 个；$DN50$ 的支架共设 4×2，共计 8 个；$DN65$ 的支架共设 1×2，共计 2 个。根据《安装工程预算常用定额项目对照图示》中管道支架的重量可参考表 5-63。

管道支架重量表单位（kg/个） 表 5-63

托架形式	支架种类	DN15	DN20	DN25	DN32	DN40	DN50	DN65	DN80
A 型	不保温	0.28	0.34	0.48	0.94	1.38	2.27	2.44	2.72
C 型	保温	0.35	0.39	0.53	0.99	1.43	2.22	2.39	2.65

$DN15$ 的支架 $0.28 \times 20=5.60$kg

$DN20$ 的支架 $0.34 \times 114=38.76$kg

$DN25$ 的支架 $0.48 \times 12=5.76$kg

$DN32$ 的支架 $0.94 \times 28=26.32$kg

$DN40$ 的支架 $1.38 \times 24=33.12$kg

$DN50$ 的支架 $2.27 \times 8=18.16$kg

$DN65$ 的支架 $2.44 \times 2=4.88$kg

$DN80$ 的支架 $2.72 \times 3=8.16$kg

管道支架的总重量为：

$5.60+38.76+5.76+26.32+33.12+18.16+4.88+8.16=140.76$kg

【注释】 其中

5×4 个——4 表示每根 $DN15$ 的立管各设 4 个，即对于立管 $DN15$ 在一层设置 2 个，供水管 1 个，回水管 1 个，其他层均设置 1 个，共计 4 个；5 表示共 5 根立管，即立管 L3 和 L7、L8、L10、L11；

25×4 个——4 表示每根 $DN20$ 的立管各设 4 个，即对于立管 $DN20$ 在一层设置 2 个，供水管 1 个，回水管 1 个，其他层均设置 1 个，共计 4 个，25 表示立管数，即立管 L1 和 L2、L4、L5、L6、L9、L12、L13、L14、L15、L16、L17、L18、L19、L20、L21、L22、L23、L24、L25、L26、L27、L28、L29、L30；

3 个——表示 $DN80$ 的立管设 3 个，即对于立管 $DN80$ 每一层均设置 1 个，共计 3 个；

7×2 个——表示 $DN20$ 的水平干管，在分支管 1$DN20$ 水平干管设置 2 个，分支管 2$DN20$ 水平干管设置 2 个，分支管 3$DN20$ 水平干管设置 1 个，分支管 4$DN20$ 水平干管设置 2 个，共计 7 个，2 表示回水管和供水管各 7 个；

6×2 个——表示 $DN25$ 的水平干管，在分支管 1$DN25$ 水平干管设置 1 个，分支管 2$DN25$ 水平干管设置 2 个，分支管 3$DN25$ 水平干管设置 1 个，分支管

4DN25 水平干管设置 2 个，共计 6 个，2 表示回水管和供水管各 6 个；

14×2 个——表示 DN32 的水平干管，在分支管 1DN32 水平干管设置 4 个，分支管 2DN32 水平干管设置 2 个，分支管 3DN32 水平干管设置 5 个，分支管 4DN32 水平干管设置 3 个，共计 14 个，2 表示回水管和供水管各 14 个；

12×2 个——表示 DN40 的水平干管，在分支管 1DN40 水平干管设置 3 个，分支管 2DN40 水平干管设置 3 个，分支管 3DN40 水平干管设置 0，分支管 4DN40 水平干管设置 6 个，共计 12 个，2 表示回水管和供水管相同各 12 个；

4×2 个——表示 DN50 的水平干管，在分支管 1DN50 水平干管设置 0，分支管 2DN50 水平干管设置 4 个，分支管 3DN50 水平干管设置 0，分支管 4DN50 水平干管设置 0，共计 4 个，2 表示回水管和供水管相同各 4 个；

1×2 个——表示 DN65 的供水水平干管设置 1 个，DN65 的回水水平干管设置 1 个，共计 2 个。

清单工程量计算表见表 5-64。

清单工程量计算表　　　　表 5-64

序号	项目编码	项目名称	项目特征描述	计量单位	工程量
1	031005001001	铸铁散热器	M132 型刷带锈底漆一遍,再刷银粉漆两遍	片	2117
2	031003001001	螺纹阀门	DN15 截止阀 1	个	163
3	031003001002	螺纹阀门	DN15 截止阀 2	个	10
4	031003001003	螺纹阀门	DN20 截止阀,铸铁	个	50
5	031003001004	螺纹阀门	DN80 截止阀,铸铁	个	2
6	031003001005	自动排气阀	DN15 自动排气阀,铸铁	个	8
7	030601001001	温度仪表	温度计,双金属温度计	支	2
8	030601002001	压力仪表	压力表,就地式	台	2
9	030601004001	流量仪表	椭圆齿轮流量计,就地指示式	台	1
10	031006015001	膨胀水箱制作与安装	膨胀水箱,矩形钢板,矩形尺寸为 1400mm×900mm×1100mm	个	1
11	031005008001	集气罐制作安装	集气罐由 φ100mm 的短管制成,高度为 300mm,无缝钢管焊接	个	8
12	030609001001	焊接钢管	DN80 室外采暖热水管,焊接,手工除轻锈,刷红丹防锈漆两遍,再采用 50mm 的泡沫玻璃瓦块管道保温,外裹油毡纸保护层	m	7.60
13	030609001002	焊接钢管	DN80 室内采暖热水管,焊接,手工除轻锈,刷红丹防锈漆两遍,再采用 50mm 的泡沫玻璃瓦块管道保温,外裹油毡纸保护层	m	12.78
14	030609001003	焊接钢管	DN65 室内采暖热水管,焊接,手工除轻锈,刷红丹防锈漆两遍,再采用 50mm 的泡沫玻璃瓦块管道保温,外裹油毡纸保护层	m	5.88
15	030609001004	焊接钢管	DN50 室内采暖热水管,焊接,手工除轻锈,刷红丹防锈漆两遍,再采用 50mm 的泡沫玻璃瓦块管道保温,外裹油毡纸保护层	m	47.97
16	030609001005	焊接钢管	DN40 室内采暖热水管,焊接,手工除轻锈,刷红丹防锈漆两遍,再采用 50mm 的泡沫玻璃瓦块管道保温,外裹油毡纸保护层	m	108.72

序号	项目编码	项目名称	项目特征描述	计量单位	工程量
17	030609001006	焊接钢管	DN32 室内采暖热水管,焊接,手工除轻锈,刷红丹防锈漆两遍,再采用 50mm 的泡沫玻璃瓦块管道保温,外裹油毡纸保护层	m	113.85
18	030609001007	焊接钢管	DN25 室内采暖热水管,螺纹连接,手工除轻锈,刷红丹防锈漆两遍,再采用 50mm 的泡沫玻璃瓦块管道保温,外裹油毡纸保护层	m	51.47
19	030609001008	焊接钢管	DN20 室内采暖热水管,螺纹连接,手工除轻锈,刷红丹防锈漆两遍,再采用 50mm 的泡沫玻璃瓦块管道保温,外裹油毡纸保护层	m	48.56
20	030609001009	焊接钢管	DN20 室内采暖热水管,螺纹连接,手工除轻锈,刷红丹防锈漆一遍,再刷银粉漆两遍	m	292.50
21	030609001010	焊接钢管	DN15 室内采暖热水管,螺纹连接,手工除轻锈,刷红丹防锈漆一遍,再刷银粉漆两遍	m	396.74
22	031002001001	管道支架制作	安装 A 型不保温双管支架,刷红丹防锈漆两遍,耐酸漆两遍	kg	140.76

2. 定额工程量

1）铸铁散热器（M132 型）

计量单位：10 片，安装数量 2117 片，工程量：2117 片/10 片＝211.7。

套定额子目 8-490。

2）阀门

DN15 截止阀 1 安装工程量：163 个，套定额子目：8-241。

DN15 截止阀 2 安装工程量：10 个，套定额子目：8-241。

DN20 截止阀安装工程量：50 个，套定额子目：8-242。

DN80 截止阀安装工程量：2 个，套定额子目：8-248。

3）自动排气阀（DN15）

计量单位：个，安装数量：8，套定额子目 8-299。

4）温度仪双金属温度计

计量单位：个，安装数量：2，套定额子目 10-2。

5）压力仪就地压力表

计量单位：个，安装数量：2，套定额子目 10-25。

6）流量仪就地指示式椭圆齿轮流量计

计量单位：个，安装数量：1，套定额子目 10-39。

7）膨胀水箱

① 膨胀水箱的定额工程量同清单工程量。

② 膨胀水箱外（刷防锈漆两遍）刷油

矩形设备刷油工程量以表面积 S 计算，其计算公式为：

$$S=2(A\times B+A\times C+B\times C)$$

式中 A——表示膨胀水箱的长度（m）；

B——表示膨胀水箱的宽度（m）；

C——表示膨胀水箱的高度（m）。

本工程中 $A=1400\text{mm}=1.4\text{m}$，$B=900\text{mm}=0.9\text{m}$，$C=1100\text{mm}=1.1\text{m}$

则 $S=2(A\times B+A\times C+B\times C)=2\times(1.4\times0.9+1.4\times1.1+0.9\times1.1)=7.58\text{m}^2$

刷防锈漆第一遍：

定额计量单位 10m^2，工程量为 0.758（10m^2），套定额子目 11-86。

刷防锈漆第二遍：

定额计量单位 10m^2，工程量为 0.758（10m^2），套定额子目 11-87。

③ 膨胀水箱外保温层

矩形设备保温层工程量以体积来计量，其公式为：
$$V=2\times[(A+1.033\delta)+(B+1.033\delta)]\times1.033\delta\times L$$

式中　A——表示膨胀水箱的宽度（m）；

B——表示膨胀水箱的高度（m）；

δ——表示保温层厚度（m）；

L——表示膨胀水箱的长度（m）；

1.033——表示调整系数。

则 $V=2\times[(A+1.033\delta)+(B+1.033\delta)]\times1.033\delta\times L$

$=2\times[(0.9+1.033\times0.05)+(1.1+1.033\times0.05)]\times1.033\times0.05\times1.4$

$=0.304\text{m}^3$

定额计量单位 m^3，工程量为 0.304（m^3），套定额子目 11-1811。

④ 膨胀水箱保护层

本设计中膨胀水箱用铝箔—复合玻璃钢做保护层，其工程量仍以表面积计算，其公式为：
$$S=2\times[(A+2.1\delta+0.0082)+(B+2.1\delta+0.0082)]\times L$$

式中　A——表示膨胀水箱的宽度（m）；

B——表示膨胀水箱的高度（m）；

δ——表示保温层厚度（m）；

L——表示膨胀水箱的长度（m）；

2.1——表示调整系数；

0.0082——捆扎线直径或钢带厚（m）。

则 $S=2\times[(0.9+2.1\times0.05+0.0082)+(1.1+2.1\times0.05+0.0082)]\times1.4$

$=2\times(1.0132+1.2132)\times1.4$

$=6.234\text{m}^2$

定额计量单位 10m^2，工程量为 0.62（10m^2），套定额子目 11-2164。

8）集气罐

定额工程量同清单工程量，8 个。

① 集气罐刷油

查《全国统一安装工程预算工程量计算规则》知，筒体设备刷油工程量由表面积来计算，其公式为：$S=\pi\times D\times L$

式中　D——集气罐直径（m）；

L——设备筒体或管道的高度（m），这里指集气罐的高度。

则 $S = \pi \times D \times L = 3.14 \times 0.10 \times 0.30 = 0.094 \mathrm{m}^2$

② 集气罐刷第一遍防锈漆：

定额计量单位 $10\mathrm{m}^2$，工程量为 $0.094 \times 8 = 0.752 \mathrm{m}^2 = 0.075$（$10\mathrm{m}^2$），套定额子目 11-86。

③ 集气罐刷第二遍防锈漆：

定额计量单位 $10\mathrm{m}^2$，工程量为 $0.094 \times 8 = 0.752 \mathrm{m}^2 = 0.075$（$10\mathrm{m}^2$），套定额子目 11-87。

④ 集气罐刷第一遍酚醛耐酸漆：

定额计量单位 $10\mathrm{m}^2$，工程量为 $0.094 \times 8 = 0.752 \mathrm{m}^2 = 0.075$（$10\mathrm{m}^2$），套定额子目 11-99。

⑤ 集气罐刷第二遍酚醛耐酸漆：

定额计量单位 $10\mathrm{m}^2$，工程量为 $0.094 \times 8 = 0.752 \mathrm{m}^2 = 0.075$（$10\mathrm{m}^2$），套定额子目 11-100。

9）管道

管道工程量汇总见表 5-65。

管道工程量汇总见表　　　　　　　　　　　　　表 5-65

管道类型型号	计量单位	计算式	工程量	套定额子目
室外 DN80 钢管（焊接）	10m	7.6m/10m	0.76	8-19
室内 DN80 钢管（焊接）	10m	12.78m/10m	1.28	8-105
室内 DN65 钢管（焊接）	10m	5.88m/10m	0.59	8-104
室内 DN50 钢管（焊接）	10m	47.97m/10m	4.80	8-103
室内 DN40 钢管（焊接）	10m	108.72m/10m	10.87	8-102
室内 DN32 钢管（焊接）	10m	113.85m/10m	11.39	8-101
室内 DN25 钢管（螺纹连接）	10m	51.47m/10m	5.15	8-100
室内 DN20 钢管（螺纹连接，做保温层和保护层）	10m	48.56m/10m	4.86	8-99
室内 DN20 钢管（螺纹连接，不做保温层和保护层）	10m	292.50m/10m	29.25	8-99
室内 DN15 钢管（螺纹连接）	10m	396.74m/10m	39.67	8-98

10）管道手工除轻锈、刷防锈漆、刷银粉、保温层、保护层制作

管道工程量同清单工程量。

① DN15 焊接钢管（手工除轻锈，刷红丹防锈漆一遍，银粉两遍）

手工除轻锈：长度：396.74m　除锈工程量：$396.74 \times 0.067 = 26.58 \mathrm{m}^2$

计量单位：$10\mathrm{m}^2$，工程量：2.66（$10\mathrm{m}^2$），套定额子目 11-1。

刷红丹防锈漆一遍：由手工除轻锈工程量可知，刷红丹防锈漆一遍的工程量为 $26.58 \mathrm{m}^2$

计量单位：$10\mathrm{m}^2$，工程量：2.66（$10\mathrm{m}^2$），套定额子目 11-51。

刷银粉漆第一遍：由手工除轻锈工程量可知，刷银粉漆第一遍的工程量为 $26.58 \mathrm{m}^2$

计量单位：$10\mathrm{m}^2$，工程量：2.66（$10\mathrm{m}^2$），套定额子目 11-56。

刷银粉漆第二遍：由手工除轻锈工程量可知，刷银粉漆第二遍的工程量为 $26.58 \mathrm{m}^2$

计量单位：$10\mathrm{m}^2$，工程量：2.66（$10\mathrm{m}^2$），套定额子目 11-57。

【注释】 396.74×0.067——表示 DN15 焊接钢管 396.74m 长的表面积；

0.067m²/m——是由《简明供热设计手册》表 3-27 每米长管道表面积和表 1-2 焊接钢管规格可查得，DN15 的每米长管道表面积为 0.0665m²，在此估读一位为 0.067m²；

26.58m²——表示 DN15 焊接钢管 396.74m 长的表面积；

2.66——表示以计量单位 10m² 计算时的工程量，26.58÷10＝2.66（10m²）。

② DN20 焊接钢管（手工除轻锈，刷红丹防锈漆一遍，银粉两遍）

手工除轻锈：长度：292.50m，除锈工程量：292.50×0.084＝24.57m²

定额单位：10m²，工程量：2.46（10m²），套定额子目 11-1。

刷红丹防锈漆一遍：由手工除轻锈工程量可知，刷红丹防锈漆一遍的工程量为 24.57m²。

定额单位：10m²，工程量：2.46（10m²），套定额子目 11-51。

刷银粉漆第一遍：由手工除轻锈工程量可知，刷银粉漆第一遍的工程量为 24.57m²

定额单位：10m²，工程量：2.46（10m²），套定额子目 11-56。

刷银粉漆第二遍：由手工除轻锈工程量可知，刷银粉漆第二遍的工程量为 15.78m²

定额单位：10m²，工程量：2.46（10m²），套定额子目 11-57。

【注释】 292.50×0.084——表示 DN20 焊接钢管 292.50m 长的表面积；

0.084m²/m——是由《简明供热设计手册》表 3-27 每米长管道表面积和表 1-2 焊接钢管规格可查得，DN20 的每米长管道表面积为 0.084m²；

24.57m²——表示 DN20 焊接钢管 24.57m 长的表面积；

2.46——表示以计量单位 10m² 计算时的工程量，24.57÷10＝2.46m²。

③ DN20 焊接钢管（手工除轻锈，刷红丹防锈漆二遍，采用 50mm 厚的泡沫玻璃瓦块管道保温，外裹油毡纸保护层）

手工除轻锈：长度：48.56m，除锈工程量：48.56×0.084＝4.08m²。

定额单位：10m²，工程量：0.408（10m²），套定额子目 11-1。

刷红丹防锈漆第一遍：由手工除轻锈工程量可知，刷红丹防锈漆第一遍的工程量为 4.08m²。

定额单位：10m²，工程量：0.408（10m²），套定额子目 11-51。

刷红丹防锈漆第二遍：由手工除轻锈工程量可知，刷红丹防锈漆第二遍的工程量为 4.08m²。

定额单位：10m²，工程量：0.408（10m²），套定额子目 11-52。

保温层：根据《全国统一安装工程预算工程量计算规则》可知，管道保温层工程量计算公式为：

$$V＝\pi×(D+1.033\delta)×1.033\delta×L$$

式中 D——管道直径（m）；

1.033——调整系数；

δ——保温层厚度（m）；

　　L——设备简体或管道的长度（m），这里指管道的长度。

　　根据《简明供热设计手册》表 1-2 焊接钢管规格可查得，$DN20$ 普通焊接钢管的直径为 26.8mm。

　　由上可知，$DN20$ 焊接钢管的保温层工程量：
$$V = \pi \times (D+1.033\delta) \times 1.033\delta \times L$$
$$= 3.14 \times (0.0268+1.033 \times 0.04) \times 1.033 \times 0.04 \times 48.56$$
$$= 0.43 m^3$$

　　计量单位 m^3，工程量 $0.43 m^3$，套定额子目 11-1751。

　　保护层：根据《全国统一安装工程预算工程量计算规则》可知，管道保护层工程量计算依据公式为：
$$S = \pi \times (D+2.1\delta+0.0082) \times L$$

式中　S——保护层的表面积（m^2）；

　　　　D——管道直径（m）；

　　2.1——调整系数；

　　　　δ——保温层厚度（m）；

　　　　L——设备简体或管道的长度（m），这里指管道的长度；

0.0082——捆扎线直径或钢带厚（m）。

　　由上可知，$DN20$ 焊接钢管的保护层工程量：
$$S = \pi \times (D+2.1\delta+0.0082) \times L$$
$$= 3.14 \times (0.0268+2.1 \times 0.04+0.0082) \times 48.56$$
$$= 18.14 m^2$$

　　计量单位 $10m^2$，工程量 1.81（$10m^2$），套定额子目 11-2159。

　　【注释】　$48.56m \times 0.084m^2/m$——表示 $DN20$ 焊接钢管 48.56m 长的表面积；

　　　　　　　　$0.084m^2/m$——是由《简明供热设计手册》表 3-27 每米长管道表面积和表 1-2 焊接钢管规格可查得，$DN20$ 的每米长管道表面积为 $0.084m^2$；

　　　　　　　　$4.08m^2$——表示 $DN20$ 焊接钢管 48.56m 长的表面积；

　　　　　　　　0.408——表示以计量单位计算时的工程量，$4.08 \div 10 = 0.408$（$10m^2$）。

　　　　　　　　0.43——表示以计量单位 m^3 计算时的工程量；

　　　　　　　　1.81——表示以计量单位 $10m^2$ 计算时的工程量。

　　④ $DN25$ 焊接钢管（手工除轻锈，刷红丹防锈漆二遍，采用 50mm 厚的泡沫玻璃瓦块管道保温，外裹油毡纸保护层）

　　手工除轻锈：长度：51.47m，除锈工程量：$51.47 \times 0.105 = 5.40 m^2$。

　　计量单位：$10m^2$，工程量：0.54，套定额子目 11-1。

　　刷红丹防锈漆第一遍：由手工除轻锈工程量可知，刷红丹防锈漆第一遍的工程量为 $5.40 m^2$。

　　定额单位：$10m^2$，工程量：0.54（$10m^2$），套定额子目 11-51。

刷红丹防锈漆第二遍：由手工除轻锈工程量可知，刷红丹防锈漆第二遍的工程量为5.40m²。

定额单位：10m²，工程量：0.54（10m²），套定额子目11-52。

保温层：根据《简明供热设计手册》表1-2焊接钢管规格可查得，DN25普通焊接钢管的直径为33.5mm。

由上可知，DN25焊接钢管的保温层工程量：

$$V = \pi \times (D + 1.033\delta) \times 1.033\delta \times L$$
$$= 3.14 \times (0.0335 + 1.033 \times 0.04) \times 1.033 \times 0.04 \times 51.47$$
$$= 0.50 \text{m}^3$$

计量单位m³，工程量0.50m³，套定额子目11-1751。

保护层：由上可知，DN25焊接钢管的保护层工程量：

$$S = \pi \times (D + 2.1\delta + 0.0082) \times L$$
$$= 3.14 \times (0.0335 + 2.1 \times 0.04 + 0.0082) \times 51.47$$
$$= 20.32 \text{m}^2$$

计量单位10m²，工程量2.03（10m²），套定额子目11-2159。

【注释】　51.47m×0.105m²/m——表示DN25焊接钢管51.47m长的表面积；

　　　　　　　　0.105m²/m——是由《简明供热设计手册》表3-27每米长管道表面积和表1-2焊接钢管规格可查得，DN25的每米长管道表面积为0.105m²；

　　　　　　　　5.40m²——表示DN25焊接钢管51.47m长的表面积；

　　　　　　　　0.54——表示以计量单位计算时的工程量，5.40÷10＝0.54（10m²）；

　　　　　　　　0.50——表示以计量单位m³计算时的工程量；

　　　　　　　　2.03——表示以计量单位10m²计算时的工程量。

⑤ DN32焊接钢管（手工除轻锈，刷红丹防锈漆二遍，采用50mm厚的泡沫玻璃瓦块管道保温，外裹油毡纸保护层）

手工除轻锈：长度：113.85m，除锈工程量：113.85×0.133＝15.14m²。

定额单位：10m²，工程量：1.51，套定额子目11-1。

刷红丹防锈漆一遍：由手工除轻锈工程量可知，刷红丹防锈漆一遍的工程量为15.14m²。

定额单位：10m²，工程量：1.51，套定额子目11-51。

刷红丹防锈漆二遍：由手工除轻锈工程量可知，刷红丹防锈漆一遍的工程量为15.14m²。

定额单位：10m²，工程量：1.51，套定额子目11-52。

根据《简明供热设计手册》表1-2焊接钢管规格可查得，DN32普通焊接钢管的直径为42.3mm。

由上可知，DN32焊接钢管的保温层工程量：

$$V = \pi \times (D + 1.033\delta) \times 1.033\delta \times L$$
$$= 3.14 \times (0.0423 + 1.033 \times 0.04) \times 1.033 \times 0.04 \times 113.85$$
$$= 1.24 \text{m}^3$$

计量单位 m^3，工程量 $1.24m^3$，套定额子目 11-1751。

保护层：

由上可知，DN32 焊接钢管的保护层工程量：

$$S = \pi \times (D + 2.1\delta + 0.0082) \times L$$
$$= 3.14 \times (0.0423 + 2.1 \times 0.04 + 0.0082) \times 113.85$$
$$= 48.08m^2$$

计量单位 $10m^2$，工程量 4.81（$10m^2$），套定额子目 11-2159。

【注释】　$113.85m \times 0.133m^2/m$——表示 DN32 焊接钢管 113.85m 长的表面积；

　　　　　　　$0.133m^2/m$——是由《简明供热设计手册》表 3-27 每米长管道
　　　　　　　　　　　　　　　表面积和表 1-2 焊接钢管规格可查得，DN25 的
　　　　　　　　　　　　　　　每米长管道表面积为 $0.105m^2$；

　　　　　　　$15.14m^2$——表示 DN32 焊接钢管 113.85m 长的表面积；

　　　　　　　　1.51——表示以计量单位计算时的工程量，$15.14 \div 10 = 1.51$（$10m^2$）；

　　　　　　　　1.24——表示以计量单位 m^3 计算时的工程量；

　　　　　　　　4.81——表示以计量单位 $10m^2$ 计算时的工程量。

⑥ DN40 焊接钢管（手工除轻锈，刷红丹防锈漆二遍，采用 50mm 厚的泡沫玻璃瓦块管道保温，外裹油毡纸保护层）

手工除轻锈：长度：108.72m，除锈工程量：$108.72 \times 0.151 = 16.42m^2$。

定额单位：$10m^2$，工程量：1.64，套定额子目 11-1。

刷红丹防锈漆一遍：由手工除轻锈工程量可知，刷红丹防锈漆一遍的工程量为 $16.42m^2$。

定额单位：$10m^2$，工程量：1.64，套定额子目 11-51。

刷红丹防锈漆二遍：由手工除轻锈工程量可知，刷红丹防锈漆一遍的工程量为 $16.42m^2$。

定额单位：$10m^2$，工程量：1.64，套定额子目 11-52。

a. 保温层：

根据《简明供热设计手册》表 1-2 焊接钢管规格可查得，DN40 普通焊接钢管的直径为 48mm。

由上可知，DN40 焊接钢管的保温层工程量：

$$V = \pi \times (D + 1.033\delta) \times 1.033\delta \times L$$
$$= 3.14 \times (0.048 + 1.033 \times 0.04) \times 1.033 \times 0.04 \times 108.72$$
$$= 1.26m^3$$

计量单位 m^3，工程量 $1.26m^3$，套定额子目 11-1751。

b. 保护层：

由上可知，DN40 焊接钢管的保护层工程量：

$$S = \pi \times (D + 2.1\delta + 0.0082) \times L$$
$$= 3.14 \times (0.048 + 2.1 \times 0.04 + 0.0082) \times 108.72$$
$$= 47.86m^2$$

计量单位 10m²，工程量 4.79（10m²），套定额子目 11-2159。

【注释】 108.72m×0.151m²/m——表示 DN40 焊接钢管 108.72m 长的表面积；

0.151m²/m——是由《简明供热设计手册》表 3-27 每米长管道表面积和表 1-2 焊接钢管规格可查得，DN40 的每米长管道表面积为 0.151m²；

16.42m²——表示 DN40 焊接钢管 108.72m 长的表面积；

1.64——表示以计量单位计算时的工程量，16.42÷10＝1.64（10m²）；

1.26——表示以计量单位 m³ 计算时的工程量；

4.79（10m²）——表示以计量单位 10m² 计算时的工程量。

⑦ DN50 焊接钢管（手工除轻锈，刷红丹防锈漆二遍，采用 50mm 厚的泡沫玻璃瓦块管道保温，外裹油毡纸保护层）。

手工除轻锈：长度：47.97m，除锈工程量：47.97×0.188＝9.02m²。

定额单位：10m²，工程量：0.902，套定额子目 11-1。

刷红丹防锈漆一遍：由手工除轻锈工程量可知，刷红丹防锈漆一遍的工程量为 9.02m²。

定额单位：10m²，工程量：0.902，套定额子目 11-51。

刷红丹防锈漆二遍：由手工除轻锈工程量可知，刷红丹防锈漆一遍的工程量为 9.02m²。

定额单位：10m²，工程量：0.902，套定额子目 11-52。

a. 保温层：

根据《简明供热设计手册》表 1-2 焊接钢管规格可查得，DN50 普通焊接钢管的直径为 60mm。

由上可知，DN50 焊接钢管的保温层工程量：

$$V = \pi \times (D + 1.033\delta) \times 1.033\delta \times L$$
$$= 3.14 \times (0.06 + 1.033 \times 0.04) \times 1.033 \times 0.04 \times 47.97$$
$$= 0.63m^3$$

计量单位 m³，工程量 0.63m³，套定额子目 11-1759。

b. 保护层：

由上可知，DN50 焊接钢管的保护层工程量：

$$S = \pi \times (D + 2.1\delta + 0.0082) \times L$$
$$= 3.14 \times (0.06 + 2.1 \times 0.04 + 0.0082) \times 47.97$$
$$= 22.93m^2$$

计量单位 10m²，工程量 2.29（10m²），套定额子目 11-2159。

【注释】 47.97m×0.188m²/m——表示 DN50 焊接钢管 47.97m 长的表面积；

0.188m²/m——是由《简明供热设计手册》表 3-27 每米长管道表面积和表 1-2 焊接钢管规格可查得，DN50 的每米长管道表面积为 0.188m²；

9.02m²——表示 DN50 焊接钢管 47.97m 长的表面积；

0.902——表示以计量单位计算时的工程量，9.02÷10＝
0.92（10m²）；

0.63——表示以计量单位 m³ 计算时的工程量；

2.29（10m²）——表示以计量单位 10m² 计算时的工程量。

⑧ DN65 焊接钢管（手工除轻锈，刷红丹防锈漆二遍，采用 50mm 厚的泡沫玻璃瓦块管道保温，外裹油毡纸保护层）

手工除轻锈：长度：5.88m，除锈工程量：5.88×0.239＝1.41m²。

定额单位：10m²，工程量：0.14，套定额子目 11-1。

刷红丹防锈漆一遍：由手工除轻锈工程量可知，刷红丹防锈漆一遍的工程量为 1.41m²。

定额单位：10m²，工程量：0.14，套定额子目 11-51。

刷红丹防锈漆二遍：由手工除轻锈工程量可知，刷红丹防锈漆一遍的工程量为 1.41m²。

定额单位：10m²，工程量：0.14，套定额子目 11-52。

a. 保温层：

根据《简明供热设计手册》表 1-2 焊接钢管规格可查得，DN65 普通焊接钢管的直径为 75.5mm。

由上可知，DN65 焊接钢管的保温层工程量：

$$V = \pi \times (D + 1.033\delta) \times 1.033\delta \times L$$
$$= 3.14 \times (0.0755 + 1.033 \times 0.04) \times 1.033 \times 0.04 \times 5.88$$
$$= 0.089 m^3$$

计量单位 m³，工程量 0.089m³，套定额子目 11-1759。

b. 保护层：

由上可知，DN65 焊接钢管的保护层工程量：

$$S = \pi \times (D + 2.1\delta + 0.0082) \times L$$
$$= 3.14 \times (0.0755 + 2.1 \times 0.04 + 0.0082) \times 5.88$$
$$= 3.10 m^2$$

计量单位 10m²，工程量 0.31（10m²），套定额子目 11-2159。

【注释】　5.88m×0.239m²/m——表示 DN65 焊接钢管 5.88m 长的表面积；

0.239m²/m——是由《简明供热设计手册》表 3-27 每米长管道表面积和表 1-2 焊接钢管规格可查得，DN65 的每米长管道表面积为 0.239m²；

1.41m²——表示 DN65 焊接钢管 5.88m 长的表面积；

0.14——表示以计量单位计算时的工程量，1.41÷10＝0.14（10m²）；

0.25——表示以计量单位 m³ 计算时的工程量；

0.87——表示以计量单位 10m² 计算时的工程量。

⑨ DN80 焊接钢管（室内，手工除轻锈，刷红丹防锈漆二遍，采用 50mm 厚的泡沫玻璃瓦块管道保温，外裹油毡纸保护层）

手工除轻锈：长度：12.78m，除锈工程量：12.78×0.280＝3.58m²。

定额单位：10m²，数量：0.36，套定额子目 11-1。

刷红丹防锈漆一遍：由手工除轻锈工程量可知，刷红丹防锈漆一遍的工程量为3.58m²。

定额单位：10m²，数量：0.36，套定额子目 11-51。

刷红丹防锈漆二遍：由手工除轻锈工程量可知，刷红丹防锈漆一遍的工程量为3.58m²。

定额单位：10m²，数量：0.36，套定额子目 11-52。

a. 保温层：

根据《简明供热设计手册》表 1-2 焊接钢管规格可查得，DN80 普通焊接钢管的直径为 88.5mm。

由上可知，DN80 焊接钢管的保温层工程量：

$$V = \pi \times (D+1.033\delta) \times 1.033\delta \times L$$
$$= 3.14 \times (0.0885+1.033 \times 0.04) \times 1.033 \times 0.04 \times 12.78$$
$$= 0.22 m^3$$

计量单位 m³，工程量 0.22m³，套定额子目 11-1759。

b. 保护层：

由上可知，DN80 焊接钢管的保护层工程量：

$$S = \pi \times (D+2.1\delta+0.0082) \times L$$
$$= 3.14 \times (0.0885+2.1 \times 0.04+0.0082) \times 12.78$$
$$= 7.25 m^2$$

计量单位 10m²，工程量 0.73（10m²），套定额子目 11-2159。

【注释】　12.78m×0.280m²/m——表示 DN80 焊接钢管 12.78m 长的表面积；

　　　　　0.280m²/m——是由《简明供热设计手册》表 3-27 每米长管道表面积和表 1-2 焊接钢管规格可查得，DN80 的每米长管道表面积为 0.280m²；

　　　　　3.58m²——表示 DN80 焊接钢管 12.78m 长的表面积；

　　　　　0.36——表示以计量单位计算时的工程量，3.58÷10＝0.36（10m²）；

　　　　　0.22——表示以计量单位 m³ 计算时的工程量；

　　　　　0.73——表示以计量单位 10m² 计算时的工程量。

⑩ DN80 焊接钢管（室外，手工除轻锈，刷红丹防锈漆二遍，采用 50mm 厚的泡沫玻璃瓦块管道保温，外裹油毡纸保护层）

手工除轻锈：长度：7.6m，除锈工程量：7.6×0.280＝2.13m²。

定额单位：10m²，数量：0.21，套定额子目 11-1。

刷红丹防锈漆一遍：由手工除轻锈工程量可知，刷红丹防锈漆一遍的工程量为2.13m²。

定额单位：10m²，数量：0.21，套定额子目 11-51。

刷红丹防锈漆二遍：由手工除轻锈工程量可知，刷红丹防锈漆一遍的工程量

为 2.13m²,

定额单位:10m²,数量:0.21,套定额子目 11-52。

a. 保温层:

根据《简明供热设计手册》表 1-2 焊接钢管规格可查得,DN80 普通焊接钢管的直径为 88.5mm。

由上可知,DN80 焊接钢管的保温层工程量:

$$V = \pi \times (D + 1.033\delta) \times 1.033\delta \times L$$
$$= 3.14 \times (0.0885 + 1.033 \times 0.04) \times 1.033 \times 0.04 \times 7.6$$
$$= 0.13\text{m}^3$$

计量单位 m³,工程量 0.13m³,套定额子目 11-1759。

b. 保护层:

由上可知,DN80 焊接钢管的保护层工程量:

$$S = \pi \times (D + 2.1\delta + 0.0082) \times L$$
$$= 3.14 \times (0.0885 + 2.1 \times 0.04 + 0.0082) \times 7.6$$
$$= 4.31\text{m}^2$$

计量单位 10m²,工程量 0.43 (10m²),套定额子目 11-2159。

【注释】　7.6m×0.280m²/m——表示 DN80 焊接钢管 7.6m 长的表面积;

0.280m²/m——是由《简明供热设计手册》表 3-27 每米长管道表面积和表 1-2 焊接钢管规格可查得,DN80 的每米长管道表面积为 0.280m²;

2.13m²——表示 DN80 焊接钢管 7.6m 长的表面积;

0.21——表示以计量单位 10m² 计算时的工程量,2.13÷10= 0.21 (10m²);

0.13——表示以计量单位 m³ 计算时的工程量;

0.43——表示以计量单位 10m² 计算时的工程量。

11) 套管

套管选取原则:比管道尺寸大一到两号。

① 镀锌铁皮套管 (供回水干管穿楼板用)

a. DN100 套管:2 个

b. DN25 套管:30×2=60 个

② 镀锌铁皮套管 (供回水干管穿墙用)

a. DN80 套管:1×2=2 个

b. DN65 套管:3×2=6 个

c. DN50 套管:12×2=24 个

d. DN40 套管:10+7=17 个

e. DN32 套管:4+3=7 个

f. DN25 套管:4+3=7 个

【注释】　DN100 套管:2 个——表示 DN80 立管穿一、二、层楼板;

DN25 套管:

30×2＝60 个——表示 DN20 和 DN15 立管立管穿一、二层楼板，式中 30×2＝60 个中的 30 表示有 30 根立管，2 表示每根立管穿一、二层楼板；

DN80 套管：

1×2＝2 个——表示 DN65 供回水水平管各穿墙的次数为 1 次，则供水和回水管各一个套管 DN80，共计 2 个；

DN65 套管：

3×2＝6 个——表示 DN50 供回水水平管穿墙的次数为 3 次，则供水和回水管各三个套管 DN65，共计 6 个；

DN50 套管：

12×2＝24 个——表示 DN40 供回水水平管穿墙的次数为 12 次，其中分支管一中 DN40 水平管穿墙 3 次，分支管二中 DN40 水平管穿墙 3 次，分支管四中 DN40 水平管穿墙 6 次，分支管三中 DN40 水平管穿墙 0 次，共计 12 次，则供水和回水管各 12 个套管 DN50，共计 24 个；

DN40 套管：

10＋7＝17 个——表示 DN32 供回水水平管穿墙的次数分别为 10 次和 7 次，其中分支管一中 DN32 供水水平管穿墙 4 次，分支管二中 DN32 供水水平管穿墙 2 次，分支管三中 DN32 供水水平管穿墙 1 次，分支管四中 DN32 供水水平管穿墙 3 次，共计 10 次，分支管一中 DN32 回水水平管穿墙 4 次，分支管二中 DN32 回水水平管穿墙 2 次，分支管三中 DN32 回水水平管穿墙 1 次，分支管四中 DN32 回水水平管穿墙 0 次，共计 7 次，则供水和回水管各 10 个和 7 个套管 DN40，共计 17 个；

DN32 套管：

4＋3＝7 个——表示 DN25 供回水水平管穿墙的次数分别为 4 次和 3 次，其中分支管一中 DN25 供水水平管穿墙 1 次，分支管二中 DN25 供水水平管穿墙 1 次，分支管三中 DN25 供水水平管穿墙 1 次，分支管四中 DN25 供水水平管穿墙 1 次，共计 4 次，分支管一中 DN25 回水水平管穿墙 1 次，分支管二中 DN25 回水水平管穿墙 1 次，分支管三中 DN25 回水水平管穿墙 1 次，分支管四中 DN25 回水水平管穿墙 0 次，共计 3 次，则供水和回水管各 4 个和 3 个套管 DN32，共计 7 个；

DN25 套管：

4＋3＝7 个——表示 DN20 供回水水平管穿墙的次数分别为 4 次和 3 次，其中分支管一中 DN20 供水水平管穿墙 1 次，

分支管二中 *DN*20 供水水平管穿墙 1 次，分支管三中 *DN*20 供水水平管穿墙 1 次，分支管四中 *DN*20 供水水平管穿墙 1 次，共计 4 次，分支管一中 *DN*20 回水水平管穿墙 1 次，分支管二中 *DN*20 回水水平管穿墙 1 次，分支管三中 *DN*20 回水水平管穿墙 1 次，分支管四中 *DN*20 回水水平管穿墙 0 次，共计 3 次，则供水和回水管各 4 个和 3 个套管 *DN*25，共计 7 个。

12）管道支架制作安装及其刷油

由清单工程量计算可得，管道支架重量为 140.76kg。

定额计量单位：100kg，工程量 1.41，套定额子目 8-178。

刷红丹防锈漆第一遍：

定额计量单位：100kg，工程量 1.41，套定额子目 11-117。

刷红丹防锈漆第二遍：

定额计量单位：100kg，工程量 1.41，套定额子目 11-118。

刷耐酸漆第一遍：

定额计量单位：100kg，工程量 1.41，套定额子目 11-130。

刷耐酸漆第二遍：

定额计量单位：100kg，工程量 1.41，套定额子目 11-131。

【注释】　1.25——表示以 100kg 为计量单位时的工程量。

13）散热器片刷油漆（刷带锈底漆一遍，银粉两遍）

根据《暖通空调常用数据手册》表 1.4-12 铸铁散热器综合性能表可查得，每片 M-132 型散热器片的表面积为 0.24m²/片，即每片散热器片油漆面积为 0.24m²，共计：$2117×0.24=508.08m^2$

刷带锈底漆：

定额计量单位：10m²，工程量 $508.08÷10=50.81$（10m²），套定额子目 11-199。

刷银粉漆第一遍：

定额计量单位：10m²，工程量 $508.08÷10=50.81$（10m²），套定额子目 11-200。

刷银粉漆第二遍：

定额计量单位：10m²，工程量 $508.08÷10=50.81$（10m²），套定额子目 11-201。

【注释】　50.81（10m²）——表示以 10m² 为计量单位时的工程量。

14）管道压力试验

所有管道均在 100mm 以内

管长总计：$396.74+292.50+48.56+51.47+113.85+108.72+47.97+5.88+12.78+7.6=1086.07m$

定额计量单位：100，工程量 10.86，套定额子目 8-236。

【注释】　396.74——表示焊接钢管 *DN*15 的长度；

292.50——表示焊接钢管 *DN*20 不需做保温层和保护层的长度；

48.56——表示焊接钢管 *DN*20 需做保温层和保护层的长度；

51.47——表示焊接钢管 *DN*25 需做保温层和保护层的长度；

113.85——表示焊接钢管 $DN32$ 的长度；

108.72——表示焊接钢管 $DN40$ 的长度；

47.97——表示焊接钢管 $DN50$ 的长度；

5.88——表示焊接钢管 $DN65$ 的长度；

12.78——表示焊接钢管 $DN80$ 室内管的长度；

7.6——表示焊接钢管 $DN80$ 室外管的长度；

10.86——表示以 100m 为计量单位时的工程量。

下文亦如此，故不再标注。

15）管道冲洗

系统管道管径均在 50mm 以内，396.74＋292.50＋48.56＋51.47＋113.85＋108.72＋47.97＝1059.81m

定额计量单位：100m，数量 10.60，套定额子目 8-230。

系统管道管径均在 100mm 以内，5.88＋12.78＋7.6＝26.26m

定额计量单位：100m，数量 0.26，套定额子目 8-230。

本工程套用《全国统一安装工程预算定额》。

某校电子计算机房采暖工程预算表见表 5-66，分部分项工程量清单与计价表见表 5-67，工程量清单综合单价分析表见表 5-68～表 5-89。

某校电子计算机房采暖工程预算表　　　　表 5-66

序号	定额编码	分项工程名称	计量单位	工程量	基价（元）	人工费	材料费	机械费	合价（元）
						其中（元）			
1	8-490	铸铁 M132 型散热器	10 片	211.7	41.27	14.16	27.11	—	8736.86
2	8-241	$DN15$ 截止阀 1 螺纹阀	个	163	4.43	2.32	2.11	—	722.09
3	8-241	$DN15$ 截止阀 2 螺纹阀	个	10	4.43	2.32	2.11	—	44.30
4	8-242	$DN20$ 截止阀螺纹阀	个	50	5.00	2.32	2.68	—	250.00
5	8-248	$DN80$ 截止阀螺纹阀	个	2	37.71	11.61	26.10	—	75.42
6	8-299	自动排气阀 $DN15$	个	8	9.39	3.95	5.44	—	75.12
7	10-2	双金属温度计安装	支	2	14.10	11.15	1.94	1.01	28.2
8	10-25	就地式压力表安装	台	2	16.81	12.07	4.16	0.58	33.62
9	10-39	就地指示式椭圆齿轮流量计安装	台	1	179.41	82.20	90.22	6.99	179.41
10	8-537	矩形钢板水箱制作	100kg	2.55	530.02	73.84	435.04	21.14	1351.55
11	8-551	矩形钢板水箱安装	个	1	79.92	65.25	14.67	—	79.92
12	11-86	膨胀水箱刷防锈漆第一遍	10m²	0.76	6.99	5.8	1.19	—	5.31
13	11-87	膨胀水箱刷防锈漆第二遍	10m²	0.76	6.67	5.57	1.10	—	5.07
14	11-1811	膨胀水箱用 50mm 厚的泡沫玻璃板（设备）做保温层	m³	0.30	816.02	416.33	354.80	44.89	244.81
15	11-2164	膨胀水箱用铝箔－复合玻璃钢做保护层	10m²	0.62	82.97	48.30	34.67	—	51.44
16	6-2896	集气罐制作	个	8	33.84	15.56	14.15	4.13	270.72
17	6-2901	集气罐安装	个	8	6.27	6.27	—	—	50.16

续表

序号	定额编码	分项工程名称	计量单位	工程量	基价（元）	人工费	材料费	机械费	合价（元）
18	11-86	集气罐刷第一遍防锈漆	10m²	0.08	6.99	5.80	1.19	—	0.56
19	11-87	集气罐刷第二遍防锈漆	10m²	0.08	6.67	5.57	1.10	—	0.53
20	11-99	集气罐刷第一遍酚醛耐酸漆	10m²	0.08	6.32	5.80	0.52	—	0.51
21	11-100	集气罐刷第二遍酚醛耐酸漆	10m²	0.08	6.03	5.57	0.46	—	0.48
22	8-19	室外焊接钢管 DN80	10m	0.76	45.88	22.06	22.09	1.73	34.87
	11-1	管道手工除轻锈	10m²	0.21	11.27	7.89	3.38	—	2.37
	11-51	刷红丹防锈漆第一遍	10m²	0.21	7.34	6.27	1.07	—	1.54
	11-52	刷红丹防锈漆第二遍	10m²	0.21	7.23	6.27	0.96	—	1.52
	11-1759	泡沫玻璃瓦块保温层管道 φ133mm 以下	m³	0.13	501.19	151.16	343.28	6.75	65.15
	11-2159	油毡纸保护层	10m²	0.43	20.08	11.15	8.93	—	8.63
23	8-105	室内焊接钢管 DN80	10m	1.28	122.03	67.34	50.80	3.89	156.20
	11-1	管道手工除轻锈	10m²	0.36	11.27	7.89	3.38	—	4.06
	11-51	刷红丹防锈漆第一遍	10m²	0.36	7.34	6.27	1.07	—	2.64
	11-52	刷红丹防锈漆第二遍	10m²	0.36	7.23	6.27	0.96	—	2.60
	11-1759	泡沫玻璃瓦块保温层管道 φ133mm 以下	m³	0.22	501.19	151.16	343.28	6.75	110.26
	11-2159	油毡纸保护层	10m²	0.73	20.08	11.15	8.93	—	14.66
24	8-104	室内焊接钢管 DN65	10m	0.59	115.48	63.62	46.87	4.99	68.13
	11-1	管道手工除轻锈	10m²	0.14	11.27	7.89	3.38	—	1.58
	11-51	刷红丹防锈漆第一遍	10m²	0.14	7.34	6.27	1.07	—	1.03
	11-52	刷红丹防锈漆第二遍	10m²	0.14	7.23	6.27	0.96	—	1.01
	11-1759	泡沫玻璃瓦块保温层管道 φ133mm 以下	m³	0.09	501.19	151.16	343.28	6.75	45.11
	11-2159	油毡纸保护层	10m²	0.31	20.08	11.15	8.93	—	6.22
25	8-103	室内焊接钢管 DN50	10m	4.80	101.55	62.23	36.06	3.26	487.44
	11-1	管道手工除轻锈	10m²	0.90	11.27	7.89	3.38	—	10.14
	11-51	刷红丹防锈漆第一遍	10m²	0.90	7.34	6.27	1.07	—	6.61
	11-52	刷红丹防锈漆第二遍	10m²	0.90	7.23	6.27	0.96	—	6.51
	11-1759	泡沫玻璃瓦块保温层管道 φ133mm 以下	m³	0.63	501.19	151.16	343.28	6.75	315.75
	11-2159	油毡纸保护层	10m²	2.29	20.08	11.15	8.93	—	45.98
26	8-102	室内焊接钢管 DN40	10m	10.87	93.39	60.84	31.16	1.39	1015.15
	11-1	管道手工除轻锈	10m²	1.64	11.27	7.89	3.38	—	18.48
	11-51	刷红丹防锈漆第一遍	10m²	1.64	7.34	6.27	1.07	—	12.04
	11-52	刷红丹防锈漆第二遍	10m²	1.64	7.23	6.27	0.96	—	11.86
	11-1751	泡沫玻璃瓦块保温层管道 φ57mm 以下	m³	1.26	613.90	203.87	403.28	6.75	773.51
	11-2159	油毡纸保护层	10m²	4.79	20.08	11.15	8.93	—	96.18

续表

序号	定额编码	分项工程名称	计量单位	工程量	基价（元）	人工费	材料费	机械费	合价（元）
						其中（元）			
27	8-101	室内焊接钢管DN32	10m	11.39	87.41	51.08	35.30	1.03	995.60
	11-1	管道手工除轻锈	10m²	1.51	11.27	7.89	3.38	—	17.02
	11-51	刷红丹防锈漆第一遍	10m²	1.51	7.34	6.27	1.07	—	11.08
	11-52	刷红丹防锈漆第二遍	10m²	1.51	7.23	6.27	0.96	—	10.92
	11-1751	泡沫玻璃瓦块保温层管道φ57mm以下	m³	1.24	613.90	203.87	403.28	6.75	761.24
	11-2159	油毡纸保护层	10m²	4.81	20.08	11.15	8.93	—	96.58
28	8-99	室内焊接钢管DN25（需做保温和保护层处理的）	10m	5.15	81.37	51.08	29.26	1.03	419.06
	11-1	管道手工除轻锈	10m²	0.54	11.27	7.89	3.38	—	6.09
	11-51	刷红丹防锈漆第一遍	10m²	0.54	7.34	6.27	1.07	—	3.96
	11-52	刷红丹防锈漆第二遍	10m²	0.54	7.23	6.27	0.96	—	3.90
	11-1751	泡沫玻璃瓦块保温层管道φ57mm以下	m³	0.50	613.90	203.87	403.28	6.75	306.95
	11-2159	油毡纸保护层	10m²	2.03	20.08	11.15	8.93	—	40.76
29	8-99	室内焊接钢管DN20（需做保温和保护层处理的）	10m	4.86	63.11	42.49	20.62	—	306.71
	11-1	管道手工除轻锈	10m²	0.41	11.27	7.89	3.38	—	4.62
	11-51	刷红丹防锈漆第一遍	10m²	0.41	7.34	6.27	1.07	—	3.01
	11-52	刷红丹防锈漆第二遍	10m²	0.41	7.23	6.27	0.96	—	2.96
	11-1751	泡沫玻璃瓦块保温层管道φ57mm以下	m³	0.43	613.90	203.87	403.28	6.75	263.98
	11-2159	油毡纸保护层	10m²	1.81	20.08	11.15	8.93	—	36.34
30	8-99	室内焊接钢管DN20（不需做保温和保护层处理的）	10m	29.25	63.11	42.49	20.62	—	1845.97
	11-1	管道手工除轻锈	10m²	2.46	11.27	7.89	3.38	—	27.72
	11-51	刷红丹防锈漆一遍	10m²	2.46	7.34	6.27	1.07	—	18.06
	11-56	刷银粉漆第一遍	10m²	2.46	11.31	6.50	4.81	—	27.82
	11-57	刷银粉漆第二遍	10m²	2.46	10.64	6.27	4.37	—	26.17
31	8-98	室内焊接钢管DN15	10m	39.67	54.90	42.49	12.41	—	2177.88
	11-1	管道手工除轻锈	10m²	2.66	11.27	7.89	3.38	—	29.98
	11-51	刷红丹防锈漆一遍	10m²	2.66	7.34	6.27	1.07	—	19.52
	11-56	刷银粉漆第一遍	10m²	2.66	11.31	6.50	4.81	—	30.08
	11-57	刷银粉漆第二遍	10m²	2.66	10.64	6.27	4.37	—	28.30
32	11-199	M132型散热器刷带锈底漆一遍	10m²	50.81	8.94	7.66	1.28	—	454.24
	11-200	M133型散热器刷银粉漆第一遍	10m²	50.81	13.23	7.89	5.34	—	672.22
	11-201	M134型散热器刷银粉漆第二遍	10m²	50.81	12.37	7.66	4.71	—	628.52

续表

序号	定额编码	分项工程名称	计量单位	工程量	基价（元）	其中（元）			合价（元）
						人工费	材料费	机械费	
33	8-178	管道支架制作安装	100kg	1.41	654.69	235.45	194.98	224.26	923.11
	11-117	管道支架刷红丹防锈漆第一遍	100kg	1.41	13.17	5.34	0.87	6.96	18.57
	11-118	管道支架刷红丹防锈漆第二遍	100kg	1.41	12.82	5.11	0.75	6.96	18.08
	11-130	管道支架刷耐酸漆第一遍	100kg	1.41	12.45	5.11	0.38	6.96	17.55
	11-131	管道支架刷耐酸漆第二遍	100kg	1.41	12.42	5.11	0.35	6.96	17.51
34	8-175	镀锌铁皮套管 DN100	个	2	4.34	2.09	2.25	—	8.68
35	8-174	镀锌铁皮套管 DN80	个	2	4.34	2.09	2.25	—	8.68
36	8-173	镀锌铁皮套管 DN65	个	6	4.34	2.09	2.25	—	26.04
37	8-172	镀锌铁皮套管 DN50	个	24	2.89	1.39	1.50	—	69.36
38	8-171	镀锌铁皮套管 DN40	个	17	2.89	1.39	1.50	—	49.13
39	8-170	镀锌铁皮套管 DN32	个	7	2.89	1.39	1.50	—	20.23
40	8-169	镀锌铁皮套管 DN25	个	67	1.70	0.70	1.00	—	113.90
41	8-236	管道压力试验	100m	10.86	173.48	107.51	56.02	9.95	1883.99
42	8-231	管径 DN100～DN50 以内管道冲洗	100m	0.26	29.26	15.79	13.47	—	7.61
43	8-230	管径 DN50 以内管道冲洗	100m	10.60	20.49	12.07	8.42	—	217.19
		本页小计							28213.57

分部分项工程量清单与计价表　　　　　　表 5-67

工程名称：某校电子计算机房采暖工程　　　标段：　　　　　　　第　页　共　页

序号	项目编码	项目名称	项目特征描述	计量单位	工程量	金额（元）		
						综合单价	合价	其中：暂估价
1	031005001001	铸铁散热器（M132 型）	M132 型散热器刷带锈底漆一遍,刷银粉漆二遍	片	2117	22.17	46933.89	
2	031003001001	螺纹阀门	螺纹 DN15 截止阀 1	个	163	18.40	2999.20	
3	031003001002	螺纹阀门	螺纹 DN15 截止阀 2	个	10	18.40	184.00	
4	031003001003	螺纹阀门	螺纹截止阀 DN20	个	50	20.42	1021.00	
5	031003001004	螺纹阀门	螺纹截止阀 DN80	个	2	117.03	234.06	
6	031003001005	自动排气阀	自动排气阀 DN15	个	8	24.67	197.36	
7	030601001001	温度仪表	双金属温度计安装	支	2	42.28	84.56	
8	030601002001	压力仪表	就地式压力表安装	台	2	77.75	155.50	
9	030601004001	流量仪表	就地指示式椭圆齿轮流量计安装	台	1	246.50	246.50	
10	031006015001	膨胀水箱制作与安装	矩形钢板水箱制作与安装,刷防锈漆二遍,用 50mm 厚的泡沫玻璃板（设备）做保温层,用铝箔—复合玻璃钢做保护层	个	1	2253.60	2253.60	

续表

序号	项目编码	项目名称	项目特征描述	计量单位	工程量	金额(元)		
						综合单价	合价	其中:暂估价
11	031005008001	集气罐的制作与安装	集气罐,刷二遍防锈漆,刷二遍酚醛耐酸漆	个	8	58.16	465.28	
12	030609001001	焊接钢管	室外焊接钢管 DN80,手工除轻锈,刷红丹防锈漆二遍,泡沫玻璃瓦块保温层管道 φ133mm 以下,麻袋布保护层	m	7.60	46.26	351.58	
13	030609001002	焊接钢管	室内焊接钢管 DN80,手工除轻锈,刷红丹防锈漆二遍,泡沫玻璃瓦块保温层管道 φ133mm 以下,麻袋布保护层	m	12.78	57.41	733.70	
14	030609001003	焊接钢管	室内焊接钢管 DN65,手工除轻锈,刷红丹防锈漆二遍,泡沫玻璃瓦块保温层管道 φ133mm 以下,麻袋布保护层	m	5.88	52.43	308.29	
15	030609001004	焊接钢管	室内焊接钢管 DN50,手工除轻锈,刷红丹防锈漆二遍,泡沫玻璃瓦块保温层管道 φ133mm 以下,麻袋布保护层	m	47.97	46.32	2221.97	
16	030609001005	焊接钢管	室内焊接钢管 DN40,手工除轻锈,刷红丹防锈漆二遍,泡沫玻璃瓦块保温层管道 φ57mm 以下,麻袋布保护层	m	108.72	45.07	4900.01	
17	030609001006	焊接钢管	室内焊接钢管 DN32,手工除轻锈,刷红丹防锈漆二遍,泡沫玻璃瓦块保温层管道 φ57mm 以下,麻袋布保护层	m	113.85	43.30	4929.71	
18	030609001007	焊接钢管	室内焊接钢管 DN25,手工除轻锈,刷红丹防锈漆二遍,泡沫玻璃瓦块保温层管道 φ57mm 以下,麻袋布保护层	m	51.47	39.41	2028.43	
19	030609001008	焊接钢管	室内焊接钢管 DN20,手工除轻锈,刷红丹防锈漆二遍,泡沫玻璃瓦块保温层管道 φ57mm 以下,麻袋布保护层	m	48.56	31.99	1553.43	
20	030609001009	焊接钢管	室内焊接钢管 DN20,手工除轻锈,刷红丹防锈漆一遍,银粉漆两遍	m	292.50	21.12	6177.60	
21	030609001010	焊接钢管	室内焊接钢管 DN15,手工除轻锈,刷红丹防锈漆一遍,银粉漆两遍	m	396.74	18.19	7216.70	
22	031002001001	管道支架	管道支架,刷红丹防锈漆二遍,刷耐酸漆二遍	kg	140.76	12.12	1706.01	
本页小计							86902.38	

3. 某校电子计算机房采暖设计清单综合单价分析

工程量清单综合单价分析表　　　　　　　　　　　表 5-68

工程名称：某校电子计算机房采暖工程　　　　　　标段：　　　　　　第 1 页　共 22 页

项目编码	031005001001	项目名称	铸铁散热器(M132 型)	计量单位	片	工程量	2117

清单综合单价组成明细

定额编号	定额名称	定额单位	数量	单价				合价			
				人工费	材料费	机械费	管理费和利润	人工费	材料费	机械费	管理费和利润
8-490	铸铁散热器(M132 型)组成安装	10 片	0.1	14.16	27.11	—	12.28	1.42	2.71	—	1.23
11-199	M132 型散热器刷带锈底漆一遍	10m²	0.024	7.66	1.28	—	5.71	0.18	0.03	—	0.14
11-200	M132 型散热器刷银粉漆第一遍	10m²	0.024	7.89	5.34	—	6.16	0.19	0.13	—	0.15
11-201	M132 型散热器刷银粉漆第二遍	10m²	0.024	7.66	4.71	—	5.95	0.18	0.11	—	0.14
人工单价			小计					1.97	2.98	—	1.66
23.22 元/工日			未计价材料费					15.56			
清单项目综合单价								22.17			

	主要材料名称、规格、型号	单位	数量	单价(元)	合价(元)	暂估单价(元)	暂估合价(元)
材料费明细	铸铁散热器 M132 型	片	10.100×0.1	14.90	15.05		
	带锈底漆	kg	0.92×0.024	10.60	0.23		
	酚醛清漆各色	kg	(0.450+0.410)×0.028	13.50	0.28		
	其他材料费			—		—	
	材料费小计			—	15.56	—	

注：参照《北京市建设工程费用定额 (2001)》：管理费的计费基数为人工费，费率为 62.0%；利润的计费基数为直接工程费（人工费＋材料费＋机械费）＋管理费，费率为 7.0%；管理费：14.16×62.0%；利润：(14.16＋27.11＋14.16×62.0%)×7.0%，管理费和利润：14.16×62.0%＋(14.16＋27.11＋14.16×62.0%)×7.0%＝12.28元

铸铁散热器制作安装的数量＝定额工程量÷清单工程量×定额单位

散热器片刷防锈漆一遍的数量＝刷带锈底漆一遍定额工程量÷散热器制作清单工程量÷定额单位

散热器片刷银粉漆第一遍的数量＝刷银粉漆第一遍的定额工程量÷散热器制作清单工程量÷定额单位

散热器片刷银粉漆第二遍的数量＝刷银粉漆第二遍的定额工程量÷散热器制作清单工程量÷定额单位

由《全国统一安装工程预算定额》第八册给排水、采暖、燃气工程 8-491 查得铸铁散热器柱型的未计价材料为 10.100 片，又查得其单价为 14.9 元/片，故其合价为 10.100×0.1×14.9＝15.05 元。

由《全国统一安装工程预算定额》第十一册 刷油、防腐蚀、绝热工程 11-198 查得散热器片刷带锈底漆一遍的未计价材料为 0.92kg，又查得其单价为 10.6 元/m²，故其合价为 0.92×10.6×0.024＝0.23 元。

由《全国统一安装工程预算定额》第十一册刷油、防腐蚀、绝热工程 11-200 和 11-201 查得酚醛清漆各色数第一遍和第二遍的未计价材料分别为 0.45、0.41kg，又查得其单价为 13.5 元/kg，故其合价为 (0.450＋0.410)×0.024×13.5＝0.28 元。

其中各项单价是根据市场价的，本设计采用估算。

下文亦如此，故不再做详细注明。

工程量清单综合单价分析表

表 5-69

工程名称：某校电子计算机房采暖工程　　　　标段：　　　　　　　第2页　共22页

| 项目编码 | 031003001001 | 项目名称 | 螺纹 DN15 截止阀 1 | 计量单位 | 个 | 工程量 | 163 |

清单综合单价组成明细

定额编号	定额名称	定额单位	数量	单价				合价			
				人工费	材料费	机械费	管理费和利润	人工费	材料费	机械费	管理费和利润
8-241	螺纹阀 DN15 截止阀 1 安装	个	1	2.32	2.11	—	1.85	2.32	2.11	—	1.85

人工单价		小计				2.32	2.11	—	1.85
23.22 元/工日		未计价材料费				12.12			

清单项目综合单价　18.40

材料费明细	主要材料名称、规格、型号	单位	数量	单价（元）	合价（元）	暂估单价（元）	暂估合价（元）
	螺纹 DN15 截止阀 2	个	1.01	12.00	12.12		
	其他材料费			—	—		
	材料费小计			—	12.12	—	

工程量清单综合单价分析表

表 5-70

工程名称：某校电子计算机房采暖工程　　　　标段：　　　　　　　第3页　共22页

| 项目编码 | 031003001002 | 项目名称 | 螺纹 DN15 截止阀 2 | 计量单位 | 个 | 工程量 | ·10 |

清单综合单价组成明细

定额编号	定额名称	定额单位	数量	单价				合价			
				人工费	材料费	机械费	管理费和利润	人工费	材料费	机械费	管理费和利润
8-241	螺纹阀 DN15 截止阀 2 安装	个	1	2.32	2.11	—	1.85	2.32	2.11	—	1.85

人工单价		小计				2.32	2.11	—	1.85
23.22 元/工日		未计价材料费				12.12			

清单项目综合单价　18.40

材料费明细	主要材料名称、规格、型号	单位	数量	单价（元）	合价（元）	暂估单价（元）	暂估合价（元）
	螺纹 DN15 截止阀 2	个	1.01	12.00	12.12		
	其他材料费			—	—		
	材料费小计			—	12.12	—	

工程量清单综合单价分析表

表 5-71

工程名称：某校电子计算机房采暖工程　　　　标段：　　　　　　　　第 4 页　共 22 页

项目编码	031003001003	项目名称	螺纹截止阀 DN20	计量单位	个	工程量	50

清单综合单价组成明细

定额编号	定额名称	定额单位	数量	单价				合价			
				人工费	材料费	机械费	管理费和利润	人工费	材料费	机械费	管理费和利润
8-242	螺纹阀 DN20 截止阀安装	个	1	2.32	2.68	—	1.89	2.32	2.68	—	1.89
人工单价				小计				2.32	2.68	—	1.89
23.22 元/工日				未计价材料费				13.53			
清单项目综合单价								20.42			

	主要材料名称、规格、型号			单位	数量	单价（元）	合价（元）	暂估单价（元）	暂估合价（元）
材料费明细	螺纹截止阀 DN20			个	1.01	13.40	13.53		
	其他材料费					—		—	
	材料费小计					—	13.53	—	

工程量清单综合单价分析表

表 5-72

工程名称：某校电子计算机房采暖工程　　　　标段：　　　　　　　　第 5 页　共 22 页

项目编码	031003001004	项目名称	螺纹截止阀 DN80	计量单位	个	工程量	2

清单综合单价组成明细

定额编号	定额名称	定额单位	数量	单价				合价			
				人工费	材料费	机械费	管理费和利润	人工费	材料费	机械费	管理费和利润
8-248	螺纹阀 DN80 截止阀安装	个	1	11.61	26.1	—	10.34	11.61	26.10	—	10.34
人工单价				小计				11.61	26.10	—	10.34
23.22 元/工日				未计价材料费				68.98			
清单项目综合单价								117.03			

	主要材料名称、规格、型号			单位	数量	单价（元）	合价（元）	暂估单价（元）	暂估合价（元）
材料费明细	螺纹截止阀 DN80			个	1.01	68.30	68.98		
	其他材料费					—		—	
	材料费小计					—	68.98	—	

工程量清单综合单价分析表
　　　表 5-73

工程名称：某校电子计算机房采暖工程　　　　　标段：　　　　　　　第 6 页　共 22 页

项目编码	031003001005	项目名称	自动排气阀 DN15	计量单位	个	工程量	8

清单综合单价组成明细

定额编号	定额名称	定额单位	数量	单价				合价			
				人工费	材料费	机械费	管理费和利润	人工费	材料费	机械费	管理费和利润
8-299	自动排气阀 DN15	1	3.95	5.44	—	3.28	3.95	5.44	—	3.28
人工单价			小计					3.95	5.44	—	3.28
23.22 元/工日			未计价材料费					12			
清单项目综合单价								24.67			

	主要材料名称、规格、型号	单位	数量	单价(元)	合价(元)	暂估单价(元)	暂估合价(元)
材料费明细	自动排气阀 DN15	个	1	12.00	12.00		
	其他材料费			—			
	材料费小计			—	12		—

工程量清单综合单价分析表
　　　表 5-74

工程名称：某校电子计算机房采暖工程　　　　　标段：　　　　　　　第 7 页　共 22 页

项目编码	030601001001	项目名称	温度仪表	计量单位	支	工程量	2

清单综合单价组成明细

定额编号	定额名称	定额单位	数量	单价				合价			
				人工费	材料费	机械费	管理费和利润	人工费	材料费	机械费	管理费和利润
10-2	双金属温度计安装	支	1	11.15	1.94	1.01	8.38	11.15	1.94	1.01	8.38
人工单价			小计					11.15	1.94	1.01	8.38
23.22 元/工日			未计价材料费					19.80			
清单项目综合单价								42.28			

	主要材料名称、规格、型号	单位	数量	单价(元)	合价(元)	暂估单价(元)	暂估合价(元)
材料费明细	插座带丝堵	套	1	19.80	19.80		
	其他材料费			—			
	材料费小计			—	19.80		—

工程量清单综合单价分析表　　　　　　　　表 5-75

工程名称：某校电子计算机房采暖工程　　　　　　标段：　　　　　　第8页 共22页

项目编码	030601002001	项目名称	压力仪表	计量单位	台	工程量	2

清单综合单价组成明细

定额编号	定额名称	定额单位	数量	单价				合价			
				人工费	材料费	机械费	管理费和利润	人工费	材料费	机械费	管理费和利润
10-25	就地式压力表安装	台	1	12.07	4.16	0.58	9.18	12.07	4.16	0.58	9.18
人工单价		小计						12.07	4.16	0.58	9.18
23.22 元/工日		未计价材料费						51.76			
清单项目综合单价								77.75			

材料费明细	主要材料名称、规格、型号			单位	数量	单价（元）	合价（元）	暂估单价（元）	暂估合价（元）
	取源部件			套	1	35.20	35.20		
	仪表接头			套	1	16.56	16.56		
	其他材料费					—		—	
	材料费小计					—	51.76	—	

工程量清单综合单价分析表　　　　　　　　表 5-76

工程名称：某校电子计算机房采暖工程　　　　　　标段：　　　　　　第9页 共22页

项目编码	030601004001	项目名称	流量仪表	计量单位	台	工程量	1

清单综合单价组成明细

定额编号	定额名称	定额单位	数量	单价				合价			
				人工费	材料费	机械费	管理费和利润	人工费	材料费	机械费	管理费和利润
10-39	就地指示式椭圆齿轮流量计安装	台	1	82.2	90.22	6.99	67.09	82.20	90.22	6.99	67.09
人工单价		小计						82.20	90.22	6.99	67.09
23.22 元/工日		未计价材料费						—			
清单项目综合单价								246.50			

材料费明细	主要材料名称、规格、型号			单位	数量	单价（元）	合价（元）	暂估单价（元）	暂估合价（元）
	其他材料费					—		—	
	材料费小计					—		—	

工程量清单综合单价分析表

表 5-77

工程名称：某高级图书馆采暖工程　　　标段：　　　　第 10 页　共 22 页

| 项目编码 | 031006015001 | 项目名称 | | 矩形钢板水箱的制作与安装 | | | 计量单位 | | 个 | | 工程量 | 1 |

清单综合单价组成明细

定额编号	定额名称	定额单位	数量	单价				合价			
				人工费	材料费	机械费	管理费和利润	人工费	材料费	机械费	管理费和利润
8-537	矩形钢板水箱制作	100kg	2.551	73.84	435.04	21.14	86.09	188.37	1109.79	53.93	219.61
8-551	矩形钢板水箱安装	个	1	65.25	14.67	—	48.88	65.25	14.67	—	48.88
11-86	膨胀水箱刷防锈漆第一遍	10m²	0.758	5.8	1.19		4.34	4.40	0.90		3.29
11-87	膨胀水箱刷防锈漆第二遍	10m²	0.758	5.57	1.10		4.16	4.22	0.83		3.15
11-1811	膨胀水箱用50mm厚的泡沫玻璃板（设备）做保温层	m³	0.304	416.33	354.8	44.89	333.31	126.56	107.86	13.65	101.33
11-2164	膨胀水箱用铝箔—复合玻璃钢做保护层	10m²	0.62	48.3	34.67		37.85	29.95	21.50	—	23.47
人工单价			小计					418.75	1255.55	67.58	399.73
23.22 元/工日			未计价材料费					111.99			
清单项目综合单价								2253.60			

	主要材料名称、规格、型号		单位	数量	单价（元）	合价（元）	暂估单价（元）	暂估合价（元）
材料费明细	酚醛防锈漆各色		kg	(1.300+1.110)×0.758	11.60	21.19		
	泡沫玻璃板		m³	1.200×0.304	36.80	13.42		
	铝箔—复合玻璃钢		m²	12.000×0.62	10.40	77.38		
	其他材料费				—			
	材料费小计				—	111.99		

工程量清单综合单价分析表　　　表 5-78

工程名称：某校电子计算机房采暖工程　　　　标段：　　　　　第 11 页　共 22 页

项目编码	031005008001	项目名称	集气罐的制作与安装	计量单位	个	工程量	8

清单综合单价组成明细

定额编号	定额名称	定额单位	数量	单价 人工费	单价 材料费	单价 机械费	单价 管理费和利润	合价 人工费	合价 材料费	合价 机械费	合价 管理费和利润
6-2896	集气罐制作	个	1	15.56	14.15	4.13	12.69	15.56	14.15	4.13	12.69
6-2901	集气罐安装	个	1	6.27	0	0	4.60	6.27	0.00	0.00	4.60
11-86	集气罐刷第一遍防锈漆	10m²	0.0094	5.80	1.19	0	4.34	0.05	0.01	0.00	0.04
11-87	集气罐刷第二遍防锈漆	10m²	0.0094	5.57	1.1	0	4.16	0.05	0.01	0.00	0.04
11-99	集气罐刷第一遍酚醛耐酸漆	10m²	0.0094	5.8	0.52	0	4.29	0.05	0.00	0.00	0.04
11-100	集气罐刷第二遍酚醛耐酸漆	10m²	0.0094	5.57	0.46	0	4.12	0.05	0.00	0.00	0.04
人工单价			小计					22.03	14.17	4.13	17.45
23.22 元/工日			未计价材料费					0.38			
清单项目综合单价								58.16			

材料费明细	主要材料名称、规格、型号	单位	数量	单价（元）	合价（元）	暂估单价（元）	暂估合价（元）
	酚醛防锈漆各色	kg	(1.3000+1.110)×0.0094	11.6	0.26		
	酚醛耐酸漆	kg	(0.72+0.64)×0.0094	9.6	0.12		
	其他材料费			—		—	
	材料费小计			—	0.38	—	

工程量清单综合单价分析表　　　表 5-79

工程名称：某校电子计算机房采暖工程　　　　标段：　　　　　第 12 页　共 22 页

项目编码	030609001001	项目名称	室外焊接钢管 DN80	计量单位	m	工程量	7.60

清单综合单价组成明细

定额编号	定额名称	定额单位	数量	单价 人工费	单价 材料费	单价 机械费	单价 管理费和利润	合价 人工费	合价 材料费	合价 机械费	合价 管理费和利润
8-19	室外焊接钢管 DN80	10m	0.1	22.06	22.09	1.73	17.85	2.21	2.21	0.17	1.78
11-1	管道手工除轻锈	10m²	0.028	7.89	3.38	—	6.02	0.22	0.09		0.17
11-51	刷红丹防锈漆第一遍	10m²	0.028	6.27	1.07	—	4.67	0.18	0.03		0.13

续表

清单综合单价组成明细

定额编号	定额名称	定额单位	数量	单价				合价			
				人工费	材料费	机械费	管理费和利润	人工费	材料费	机械费	管理费和利润
11-52	刷红丹防锈漆第二遍	10m²	0.028	6.27	0.96	—	4.67	0.18	0.03	—	0.13
11-1759	泡沫玻璃瓦块保温层管道ϕ133mm以下	m³	0.017	151.2	343.3	6.75	135.39	2.57	5.84	0.11	2.30
11-2159	油毡纸保护层	10m²	0.057	11.15	8.93	—	8.80	0.64	0.51	—	0.50
8-236	管道压力试验	100m	0.01	107.51	56.02	9.95	83.47	1.08	0.56	0.10	0.83
8-231	管径DN100~DN50以内管道冲洗	100m	0.01	15.79	13.47	—	12.52	0.16	0.13	—	0.13
人工单价			小计					7.24	9.40	0.38	5.97
23.22元/工日			未计价材料费					23.27			
清单项目综合单价								46.26			

材料费明细	主要材料名称、规格、型号	单位	数量	单价（元）	合价（元）	暂估单价（元）	暂估合价（元）
	焊接钢管DN80	m	10.15×0.1	17.8	18.07		
	醇酸防锈漆G53-1	kg	(1.47+1.30)×0.028	11.6	0.90		
	泡沫玻璃瓦块	m³	1.100×0.017	7.8	0.15		
	油毡纸350g	m²	14.00×0.057	5.2	4.15		
	其他材料费			—		—	
	材料费小计				23.27		

工程量清单综合单价分析表　　　　　　表 5-80

工程名称：某校电子计算机房采暖工程　　　标段：　　　　第13页　共22页

项目编码	030609001002	项目名称	室内焊接钢管DN80	计量单位	m	工程量	12.78

清单综合单价组成明细

定额编号	定额名称	定额单位	数量	单价				合价			
				人工费	材料费	机械费	管理费和利润	人工费	材料费	机械费	管理费和利润
8-105	室内焊接钢管DN80	10m	0.1	67.34	50.8	3.89	53.22	6.73	5.08	0.39	5.32
11-1	管道手工除轻锈	10m²	0.028	7.89	3.38	—	6.02	0.22	0.09	—	0.17

清单综合单价组成明细

定额编号	定额名称	定额单位	数量	单价 人工费	单价 材料费	单价 机械费	单价 管理费和利润	合价 人工费	合价 材料费	合价 机械费	合价 管理费和利润
11-51	刷红丹防锈漆第一遍	10m²	0.028	6.27	1.07	—	4.67	0.18	0.03	—	0.13
11-52	刷红丹防锈漆第二遍	10m²	0.028	6.27	0.96	—	4.67	0.18	0.03	—	0.13
11-1759	泡沫玻璃瓦块保温层管道 φ133mm 以下	m³	0.017	151.2	343.3	6.75	135.39	2.57	5.84	0.11	2.30
11-2159	油毡纸保护层	10m²	0.057	11.15	8.93	—	8.80	0.64	0.51	—	0.50
8-236	管道压力试验	100m	0.01	107.51	56.02	9.95	83.47	1.08	0.56	0.10	0.83
8-231	管径 DN100~DN50 以内管道冲洗	100m	0.01	15.79	13.47		12.52	0.16	0.13		0.13
人工单价			小计					11.76	12.27	0.60	9.51
23.22 元/工日			未计价材料费					23.27			
清单项目综合单价								57.41			

材料费明细	主要材料名称、规格、型号		单位	数量	单价(元)	合价(元)	暂估单价(元)	暂估合价(元)
	焊接钢管 DN80		m	10.15×0.1	17.8	18.07		
	醇酸防锈漆 G53-1		kg	(1.47+1.30)×0.028	11.6	0.90		
	泡沫玻璃瓦块		m³	1.100×0.017	7.8	0.15		
	油毡纸 350g		m²	14.00×0.057	5.2	4.15		
	其他材料费				—			
	材料费小计				—	23.27	—	

工程量清单综合单价分析表　　　　　　表 5-81

工程名称：某校电子计算机房采暖工程　　　标段：　　　　　　第 14 页　共 22 页

项目编码	030609001003	项目名称	室内焊接钢筋 DN65	计量单位	m	工程量	5.88

清单综合单价组成明细

定额编号	定额名称	定额单位	数量	单价 人工费	单价 材料费	单价 机械费	单价 管理费和利润	合价 人工费	合价 材料费	合价 机械费	合价 管理费和利润
8-104	室内焊接钢管 DN65	10m	0.1	63.62	46.87	4.99	50.29	6.36	4.69	0.50	5.03

续表

清单综合单价组成明细

定额编号	定额名称	定额单位	数量	单价				合价			
				人工费	材料费	机械费	管理费和利润	人工费	材料费	机械费	管理费和利润
11-1	管道 手工除轻锈	10m²	0.024	7.89	3.38	—	6.02	0.19	0.08		0.14
11-51	刷红丹防锈漆第一遍	10m²	0.024	6.27	1.07	—	4.67	0.15	0.03		0.11
11-52	刷红丹防锈漆第二遍	10m²	0.024	6.27	0.96	—	4.67	0.15	0.02		0.11
11-1759	泡沫玻璃瓦块保温层管道 ϕ133mm以下	m³	0.015	151.2	343.3	6.75	135.39	2.27	5.15	0.10	2.03
11-2159	油毡纸保护层	10m²	0.053	11.15	8.93	—	8.80	0.59	0.47		0.47
8-236	管道压力试验	100m	0.01	107.51	56.02	9.95	83.47	1.08	0.56	0.10	0.83
8-231	管径DN100～DN50以内管道冲洗	100m	0.01	15.79	13.47	—	12.52	0.16	0.13		0.13
人工单价			小计					10.95	11.13	0.70	8.85
23.22元/工日			未计价材料费					20.80			
	清单项目综合单价							52.43			

	主要材料名称、规格、型号					单位	数量	单价（元）	合价（元）	暂估单价（元）	暂估合价（元）
材料费明细	焊接钢管DN65					m	10.15×0.1	15.8	16.04		
	醇酸防锈漆G53-1					kg	(1.47+1.30)×0.024	11.6	0.77		
	泡沫玻璃瓦块					m³	1.100×0.015	7.8	0.13		
	油毡纸350g					m²	14.00×0.053	5.2	3.86		
	其他材料费							—			
	材料费小计							—	20.80	—	

工程量清单综合单价分析表

表 5-82

工程名称：某校电子计算机房采暖工程　　标段：　　

项目编码	030609001004	项目名称	室内焊接钢管 DN50		计量单位	m	工程量	47.97

清单综合单价组成明细

定额编号	定额名称	定额单位	数量	单价				合价			
				人工费	材料费	机械费	管理费和利润	人工费	材料费	机械费	管理费和利润
8-103	室内焊接钢管 DN50	10m	0.1	62.23	36.06	3.26	48.39	6.22	3.61	0.33	4.84
11-1	管道手工除轻锈	10m²	0.019	7.89	3.38	—	6.02	0.15	0.06		0.11
11-51	刷红丹防锈漆第一遍	10m²	0.019	6.27	1.07		4.67	0.12	0.02		0.09
11-52	刷红丹防锈漆第二遍	10m²	0.019	6.27	0.96		4.67	0.12	0.02		0.09
11-1759	泡沫玻璃瓦块保温层管道 φ133mm 以下	m³	0.013	151.2	343.3	6.75	135.39	1.97	4.46	0.09	1.76
11-2159	油毡纸保护层	10m²	0.048	11.15	8.93	—	8.80	0.54	0.43		0.42
8-236	管道压力试验	100m	0.01	107.51	56.02	9.95	83.47	1.08	0.56	0.10	0.83
8-230	DN50 以内管道冲洗	100m	0.01	12.07	8.42	—	9.44	0.12	0.08		0.09
人工单价			小计					10.32	9.24	0.52	8.23
23.22 元/工日			未计价材料费					18.01			
清单项目综合单价								46.32			

材料费明细	主要材料名称、规格、型号	单位	数量	单价（元）	合价（元）	暂估单价（元）	暂估合价（元）
	焊接钢管 DN50	m	10.15× 0.1	13.6	13.80		
	醇酸防锈漆 G53-1	kg	(1.47+ 1.30)× 0.019	11.6	0.61		
	泡沫玻璃瓦块	m³	1.100× 0.013	7.8	0.11		
	油毡纸 350g	m²	14.00× 0.048	5.2	3.49		
	其他材料费			—		—	
	材料费小计			—	18.01	—	

工程量清单综合单价分析表　　　　　　　　　　　　　　　表 5-83

工程名称：某校电子计算机房采暖工程　　　　　　标段：　　　　　　第 16 页　共 22 页

项目编码	030609001005	项目名称	室内焊接钢管 DN40	计量单位	m	工程量	108.72

清单综合单价组成明细

定额编号	定额名称	定额单位	数量	单价				合价			
				人工费	材料费	机械费	管理费和利润	人工费	材料费	机械费	管理费和利润
8-102	室内焊接钢管 DN40	10m	0.1	60.84	31.16	1.39	46.90	6.08	3.12	0.14	4.69
11-1	管道手工除轻锈	10m²	0.015	7.89	3.38	—	6.02	0.12	0.05	—	0.09
11-51	刷红丹防锈漆第一遍	10m²	0.015	6.27	1.07	—	4.67	0.09	0.02	—	0.07
11-52	刷红丹防锈漆第二遍	10m²	0.015	6.27	0.96	—	4.67	0.09	0.01	—	0.07
11-1751	泡沫玻璃瓦块保温层管道 ϕ57mm 以下	m³	0.012	203.9	403.3	6.75	178.24	2.45	4.84	0.08	2.14
11-2159	油毡纸保护层	10m²	0.044	11.15	8.93	—	8.80	0.49	0.39	—	0.39
8-236	管道压力试验	100m	0.01	107.51	56.02	9.95	83.47	1.08	0.56	0.10	0.83
8-230	DN50 以内管道冲洗	100m	0.01	12.07	8.42	—	9.44	0.12	0.08	—	0.09
人工单价			小计					10.52	9.07	0.32	8.38
23.22 元/工日			未计价材料费					16.78			
清单项目综合单价								45.07			

	主要材料名称、规格、型号	单位	数量	单价(元)	合价(元)	暂估单价(元)	暂估合价(元)
材料费明细	焊接钢管 DN40	m	10.15×0.1	12.8	12.99		
	醇酸防锈漆 G53-1	kg	(1.47+1.30)×0.015	11.6	0.48		
	泡沫玻璃瓦块	m³	1.100×0.012	7.8	0.10		
	油毡纸 350g	m²	14.00×0.044	5.2	3.20		
	其他材料费			—		—	
	材料费小计			—	16.78	—	

工程量清单综合单价分析表　　　　　　　　　　　　　　　表 5-84

工程名称：某校电子计算机房采暖工程　　　　　　标段：　　　　　　第 17 页　共 22 页

项目编码	030609001006	项目名称	室内焊接钢管 DN32	计量单位	m	工程量	113.85

清单综合单价组成明细

定额编号	定额名称	定额单位	数量	单价				合价			
				人工费	材料费	机械费	管理费和利润	人工费	材料费	机械费	管理费和利润
8-101	室内焊接钢管 DN32	10m	0.1	51.08	35.3	1.03	40.01	5.11	3.53	0.10	4.00

续表

清单综合单价组成明细

定额编号	定额名称	定额单位	数量	单价				合价			
				人工费	材料费	机械费	管理费和利润	人工费	材料费	机械费	管理费和利润
11-1	管道手工除轻锈	10m²	0.013	7.89	3.38	—	6.02	0.10	0.04	—	0.08
11-51	刷红丹防锈漆第一遍	10m²	0.013	6.27	1.07	—	4.67	0.08	0.01	—	0.06
11-52	刷红丹防锈漆第二遍	10m²	0.013	6.27	0.96	—	4.67	0.82	0.12	—	0.61
11-1751	泡沫玻璃瓦块保温层管道 ϕ57mm以下	m³	0.011	203.9	403.3	6.75	178.24	2.24	4.44	0.07	1.96
11-2159	油毡纸保护层	10m²	0.042	11.15	8.93	—	8.80	0.47	0.38	—	0.37
8-236	管道压力试验	100m	0.01	107.51	56.02	9.95	83.47	1.08	0.56	0.10	0.83
8-230	DN50以内管道冲洗	100m	0.01	12.07	8.42	—	9.44	0.12	0.08	—	0.09
人工单价			小计					10.02	9.16	0.27	8.00
23.22元/工日			未计价材料费					15.85			
清单项目综合单价								43.30			

	主要材料名称、规格、型号	单位	数量	单价（元）	合价（元）	暂估单价（元）	暂估合价（元）
材料费明细	焊接钢管 DN32	m	10.15×0.1	12.1	12.28		
	醇酸防锈漆 G53-1	kg	(1.47+1.30)×0.013	11.6	0.42		
	泡沫玻璃瓦块	m³	1.100×0.011	7.8	0.09		
	油毡纸 350g	m²	14.00×0.042	5.2	3.06		
	其他材料费			—		—	
	材料费小计			—	15.85	—	

工程量清单综合单价分析表

表 5-85

工程名称：某校电子计算机房采暖工程　　　　　　标段：　　　　　　　第 18 页　共 22 页

项目编码	030609001007	项目名称		室内焊接钢管 DN25		计量单位	m	工程量		51.47

清单综合单价组成明细

定额编号	定额名称	定额单位	数量	单价				合价			
				人工费	材料费	机械费	管理费和利润	人工费	材料费	机械费	管理费和利润
8-99	室内焊接钢管 DN25（需做保温和保护层处理的）	10m	0.1	51.08	29.26	1.03	39.58	5.11	2.93	0.10	3.96
11-1	管道 手工除轻锈	10m²	0.011	7.89	3.38	—	6.02	0.09	0.04	—	0.07
11-51	刷红丹防锈漆第一遍	10m²	0.011	6.27	1.07	—	4.67	0.07	0.01	—	0.05
11-52	刷红丹防锈漆第二遍	10m²	0.011	6.27	0.96	—	4.67	0.07	0.01	—	0.05
11-1751	泡沫玻璃瓦块保温层管道 ϕ57mm 以下	m³	0.01	203.9	403.3	6.75	178.24	2.04	4.03	0.07	1.78
11-2159	油毡纸保护层	10m²	0.039	11.15	8.93	—	8.80	0.43	0.35	—	0.34
8-236	管道压力试验	100m	0.01	107.51	56.02	9.95	83.47	1.08	0.56	0.10	0.83
8-230	DN50 以内管道冲洗	100m	0.01	12.07	8.42	—	9.44	0.12	0.08	—	0.09
人工单价			小计					9.01	8.01	0.27	7.17
23.22 元/工日			未计价材料费					14.95			
清单项目综合单价								39.41			

材料费明细	主要材料名称、规格、型号		单位	数量	单价（元）	合价（元）	暂估单价（元）	暂估合价（元）
	焊接钢管 DN25		m	10.15× 0.1	11.5	11.67		
	醇酸防锈漆 G53-1		kg	(1.47＋ 1.30)× 0.011	11.6	0.35		
	泡沫玻璃瓦块		m³	1.100× 0.010	7.8	0.09		
	油毡纸 350g		m²	14.00× 0.039	5.2	2.84		
	其他材料费				—		—	
	材料费小计				—	14.95	—	

工程量清单综合单价分析表

表 5-86

工程名称：某校电子计算机房采暖工程　　　　　标段：　　　　　第 19 页　共 22 页

项目编码	030609001008	项目名称		室内焊接钢管 DN25		计量单位	m	工程量	48.56

清单综合单价组成明细

定额编号	定额名称	定额单位	数量	单价				合价			
				人工费	材料费	机械费	管理费和利润	人工费	材料费	机械费	管理费和利润
8-99	室内焊接钢管 DN20（需做保温和保护层处理的）	10m	0.1	42.49	20.62	—	32.61	4.25	2.06	—	3.26
11-1	管道 手工除轻锈	10m²	0.008	7.89	3.38		6.02	0.06	0.03		0.05
11-51	刷红丹防锈漆第一遍	10m²	0.008	6.27	1.07		4.67	0.05	0.01		0.04
11-52	刷红丹防锈漆第二遍	10m²	0.008	6.27	0.96		4.67	0.05	0.01		0.04
11-1751	泡沫玻璃瓦块保温层管道 φ57mm 以下	m³	0.009	203.87	403.28	6.75	178.24	1.83	3.63	0.06	1.60
11-2159	油毡纸保护层	10m²	0.037	11.15	8.93		8.80	0.41	0.33		0.33
8-236	管道压力试验	100m	0.01	107.51	56.02	9.95	83.47	1.08	0.56	0.10	0.83
8-230	DN50 以内管道冲洗	100m	0.01	12.07	8.42		9.44	0.12	0.08	—	0.09
人工单价		小计						7.85	6.71	0.16	6.24
23.22 元/工日		未计价材料费						11.04			
清单项目综合单价								31.99			

	主要材料名称、规格、型号	单位	数量	单价（元）	合价（元）	暂估单价（元）	暂估合价（元）
材料费明细	焊接钢管 D20	m	10.15×0.1	7.89	8.01		
	醇酸防锈漆 G53-1	kg	(1.47+1.30)×0.008	11.6	0.26		
	泡沫玻璃瓦块	m³	1.100×0.009	7.8	0.08		
	油毡纸 350g	m²	14.00×0.037	5.2	2.69		
	其他材料费			—		—	
	材料费小计			—	11.04	—	

工程量清单综合单价分析表

表 5-87

工程名称：某校电子计算机房采暖工程　　　　标段：　　　　　　第 20 页　共 22 页

| 项目编码 | 030609001009 | | 项目名称 | | 室内焊接钢管 DN20 | | 计量单位 | m | 工程量 | 292.50 |

清单综合单价组成明细

定额编号	定额名称	定额单位	数量	单价				合价			
				人工费	材料费	机械费	管理费和利润	人工费	材料费	机械费	管理费和利润
8-99	室内焊接钢管 DN20(不需做保温和保护层处理的)	10m	0.1	42.49	20.62	—	32.61	4.25	2.06	—	3.26
11-1	管道 手工除轻锈	10m²	0.008	7.89	3.38	—	6.02	0.06	0.03	—	0.05
11-51	刷红丹防锈漆一遍	10m²	0.008	6.27	1.07	—	4.67	0.05	0.01	—	0.04
11-56	刷银粉漆第一遍	10m²	0.008	6.50	4.81	—	5.10	0.05	0.04	—	0.04
11-57	刷银粉漆第二遍	10m²	0.008	6.27	4.37	—	4.90	0.05	0.03	—	0.04
8-236	管道压力试验	100m	0.01	107.51	56.02	9.95	83.47	1.08	0.56	0.10	0.83
8-230	DN50 以内管道冲洗	100m	0.01	12.07	8.42	—	9.44	0.12	0.08	—	0.09
人工单价		小计						5.66	2.81	0.10	4.35
23.22 元/工日		未计价材料费						8.20			
清单项目综合单价								21.12			

	主要材料名称、规格、型号				单位	数量	单价(元)	合价(元)	暂估单价(元)	暂估合价(元)
材料费明细	焊接钢管 DN20				m	10.15×0.1	7.89	8.01		
	醇酸防锈漆 G53-1				kg	1.47×0.008	11.6	0.14		
	酚醛轻漆各色				kg	(0.36+0.33)×0.008	8.2	0.05		
	其他材料费						—		—	
	材料费小计						—	8.20	—	

工程量清单综合单价分析表　　　　　　　　　　　　表 5-88

工程名称：某校电子计算机房采暖工程　　　　标段：　　　　　　第 21 页　共 22 页

项目编码	030609001010	项目名称		室内焊接钢管 DN15		计量单位	m	工程量	396.74

清单综合单价组成明细

定额编号	定额名称	定额单位	数量	单价				合价			
				人工费	材料费	机械费	管理费和利润	人工费	材料费	机械费	管理费和利润
8-98	室内焊接钢管 DN15	10m	0.1	42.49	12.41	—	32.03	4.25	1.24	—	3.20
11-1	管道 手工除轻锈	10m²	0.007	7.89	3.38	—	6.02	0.06	0.02	—	0.04
11-51	刷红丹防锈漆一遍	10m²	0.007	6.27	1.07	—	4.67	0.04	0.01	—	0.03
11-56	刷银粉漆第一遍	10m²	0.007	6.50	4.81	—	5.10	0.05	0.03	—	0.04
11-57	刷银粉漆第二遍	10m²	0.007	6.27	4.37	—	4.90	0.04	0.03	—	0.03
8-236	管道压力试验	100m	0.01	107.51	56.02	9.95	83.47	1.08	0.56	0.10	0.83
8-230	DN50 以内管道冲洗	100m	0.01	12.07	8.42	—	9.44	0.12	0.08	—	0.09
人工单价		小计						5.64	1.97	0.10	4.26
23.22 元/工日		未计价材料费						6.22			
清单项目综合单价								18.19			

	主要材料名称、规格、型号	单位	数量	单价(元)	合价(元)	暂估单价(元)	暂估合价(元)
材料费明细	焊接钢管 DN15	m	10.15×0.1	5.97	6.06		
	醇酸防锈漆 G53-1	kg	1.47×0.007	11.6	0.12		
	酚醛轻漆各色	kg	(0.36+0.33)×0.007	8.2	0.04		
	其他材料费			—		—	
	材料费小计			—	6.22	—	

工程量清单综合单价分析表   表 5-89

工程名称：某校电子计算机房采暖工程　　　　　　标段：　　　　　　　　第 22 页　共 22 页

项目编码	031002001001	项目名称	管道支架制作安装		计量单位	kg	工程量	140.76

清单综合单价组成明细

定额编号	定额名称	定额单位	数量	单价				合价			
				人工费	材料费	机械费	管理费和利润	人工费	材料费	机械费	管理费和利润
8-178	管道支架制作安装	100kg	0.01	235.45	194.98	224.26	202.05	2.36	1.95	2.24	2.02
11-117	管道支架刷红丹防锈漆第一遍	100kg	0.01	5.34	0.87	6.96	4.46	0.05	0.009	0.07	0.04
11-118	管道支架刷红丹防锈漆第二遍	100kg	0.01	5.11	0.75	6.96	4.29	0.05	0.008	0.07	0.04
11-130	管道支架刷耐酸漆第一遍	100kg	0.01	5.11	0.38	6.96	4.26	0.05	0.004	0.07	0.04
11-131	管道支架刷耐酸漆第二遍	100kg	0.01	5.11	0.35	6.96	4.26	0.05	0.004	0.07	0.04
人工单价			小计					2.56	1.98	2.52	2.18
23.22 元/工日			未计价材料费					2.88			
清单项目综合单价								12.12			

主要材料名称、规格、型号	单位	数量	单价（元）	合价（元）	暂估单价（元）	暂估合价（元）
型钢	kg	106.000×0.01	2.37	2.51		
醇酸防锈漆 G53-1	kg	(1.16+0.95)×0.01	11.6	0.24		
酚醛耐酸漆	kg	(0.560+0.490)×0.01	12.54	0.13		
其他材料费			—		—	
材料费小计			—	2.88	—	

（材料费明细）

4. 某校电子计算机房采暖设计投标报价编制

投　标　总　价

招标人：　　某某校电子计算机房

工程名称：　　某某校电子计算机房采暖工程

投标总价（小写）：　　131623

（大写）：　　拾叁万壹仟陆佰贰拾叁

投标人：　　某某校电子计算机房采暖单位公章

　　　　　　　　　　　　　（单位盖章）

法定代表人：　　某某暖通安装公司

或其授权人：　　法定代表人

　　　　　　　　　　　　（签字或盖章）

编制人：　　签字盖造价工程师或造价员专用章

　　　　　　　　　（造价人员签字盖专用章）

编制时间：××××年××月××日

总　说　明

工程名称：某某校电子计算机房采暖工程　　　　　　　　　　　　　　第1页　共1页

---

1. 工程概况

该工程为某某校电子计算机房采暖工程，共三层，每层层高为3.2m。此设计采用机械循环热水供暖系统中的单管（带闭合管段）上供中回式顺流异程式，设落地式膨胀水箱和集气罐。此系统中供回水温度采用低温热水，即供回水温度分别为95℃/70℃热水，由室外城市热力管网供热。管道采用焊接钢管，管径 $DN \leqslant 32mm$ 的焊接钢管采用螺纹连接，管径 $DN > 32mm$ 的焊接钢管采用焊接。其中，顶层所走的水平供水干管和底层所走的水平回水干管，以及供回水总立管和与城市热力管网相连的供回水管均需做保温处理，需手工除轻锈后，再刷红丹防锈漆两遍后，采用50mm厚的泡沫玻璃瓦块管道保温，外裹油毡纸保护层；其他立管和房间内与散热器连接的管均需手工除轻锈后，刷防红丹锈漆一遍，银粉漆两遍。根据《暖通空调规范实施手册》，采暖管道穿过楼板和隔墙时，宜装设套管，故此设计中的穿楼板和隔墙的管道设镀锌铁皮套管，套管尺寸比管道大一到两号，管道设支架，支架刷红丹防锈漆两遍，耐酸漆两遍。

散热器采用铸铁M132型，落地式安装，散热器表面刷带锈底漆一遍，银粉两遍。膨胀水箱刷防锈漆两遍，采用50mm的泡沫玻璃板（设备）做保温层，保护层采用铝箔－复合玻璃钢材料。集气罐刷防锈漆两遍，酚醛耐酸漆两遍。每根供水立管的始末两端各设截止阀一个，根据《暖通空调规范实施手册》，热水采暖系统，应在热力入口出处的供回水总管上设置温度计、压力表。

系统安装完毕应进行水压试验，系统水压试验压力是工作压力的1.5倍，10分钟内压力降不大于0.02MPa且系统不渗水为合格。系统试压合格后，投入使用前进行冲洗，冲洗至排出水不含泥沙、铁屑等杂物且水色不浑浊为合格，冲洗前应将温度计、调节阀及平衡阀等拆除，待冲洗合格后再装上。

2. 投标控制价包括范围

为本次招标的某校电子计算机房施工图范围内的装饰装修工程。

3. 投标控制价编制依据

(1) 招标文件及其所提供的工程量清单和有关计价的要求，招标文件的补充通知和答疑纪要。

(2) 该某校电子计算机房施工图及投标施工组织设计。

(3) 有关的技术标准，规范和安全管理规定。

(4) 省建设主管部门颁发的计价定额和计价管理办法及有关计价文件。

(5) 材料价格采用工程所在地工程造价管理机构年月工程造价信息发布的价格信息，对于造价信息没有发布的材料，其价格参照市场价。

工程项目投标报价汇总表　　　　　　　　　　表 5-90

工程名称：某某校电子计算机房采暖工程　　　　　　　　　　　　　第1页　共1页

序号	单项工程名称	金额(元)	其中(元)		
			暂估价	安全文明施工费	规费
1	某校电子计算机房采暖	131623.49	10000	1023.26	2566.50
	合计	131623.49	10000	1023.26	2566.50

单项工程投标报价汇总表

表 5-91

工程名称：某某校电子计算机房采暖工程

第 1 页 共 1 页

序号	单项工程名称	金额（元）	其中（元）		
			暂估价	安全文明施工费	规费
1	某校电子计算机房采暖	131623.49	10000	1023.26	2566.50
	合计	131623.49	10000	1023.26	2566:50

单位工程投标报价汇总表

表 5-92

工程名称：某某校电子计算机房采暖工程

第 1 页 共 1 页

序号	汇总内容	金额（元）	其中:暂估价（元）
1	分部分项工程	86902.38	
1.1	某某校电子计算机房采暖	86902.38	
1.2			
1.3			
1.4			
2	措施项目	2658.89	
2.1	环境保护和安全文明施工费	1023.26	
3	其他项目	35191.3	
3.1	暂列金额	8581.3	
3.2	专业工程暂估价	10000	
3.3	计日工	6210	
3.4	总承包服务费	400	
4	规费	2566.5	
5	税金	4304.42	
	合计=1+2+3+4+5	131623.49	

注：这里的分部分项工程中存在暂估价。

分部分项工程量清单与计价表见表 5-93。

措施项目清单与计价表

表 5-93

工程名称：某某校电子计算机房采暖工程　　　　　标段：

第 1 页 共 1 页

序号	项目名称	计算基础	费率（%）	金额（元）
1	环境保护费及文明施工费	人工费（13254.7）	3.98	527.54
2	安全施工费	人工费	3.74	495.73
3	临时设施费	人工费	6.88	911.92
4	夜间施工增加费	根据工程实际情况编制费用预算		

续表

序号	项目名称	计算基础	费率(%)	金额(元)
5	材料二次搬运费	人工费	1.2	159.06
6	大型机械设备进出场及安拆费、混凝土、钢筋混凝土模板及支架费、脚手架费、施工排水、降水费用	根据工程实际情况编制费用预算		
7	已完工程及设备保护费(含越冬维护费)	根据工程实际情况编制费用预算		
8	检验试验费、生产工具用具使用费	人工费	4.26	564.65
	合计			2658.89

注:该表费率参考《吉林省建筑安装工程费用定额》(2006年)。

其他项目清单与计价汇总表   表5-94

工程名称:某某校电子计算机房采暖工程   标段: 第1页 共1页

序号	项目名称	计量单位	金额(元)	备注
1	暂列金额	项	8581.3	一般按分部分项工程的(85812.69)10%~15%
2	暂估价		20000	
2.1	材料暂估价			
2.2	专业工程暂估价	项	20000	按有关规定估算
3	计日工		6210	
4	总承包服务费		400	一般为专业工程估价的3%~5%
	合计		35191.3	

注:第1、4项备注参考《建设工程工程量清单计价规范》GB 50500—2013,材料暂估单价进入清单项目综合单价此处不汇总。

计日工表   表5-95

工程名称:某某校电子计算机房采暖工程   标段: 第1页 共1页

编号	项目名称	单位	暂定数量	综合单价	合价
一	人工				
1	普工	工日	50	60	3000
2	技工(综合)	工日	20	80	1600
3					
4					
	人工小计				4600
二	材料				
1					

续表

编号	项目名称	单位	暂定数量	综合单价	合价
2					
3					
4					
5					
6					
	材料小计				
三	施工机械				
1	灰浆搅拌机	台班	1	20	20
2	自升式塔式起重机	台班	3	530	1590
3					
4					
	施工机械小计				1610
	总计				6210

注：此表项目，名称由招标人填写，编制招标控制价时，单价由招标人按有关计价规定确定；投标时，单价由投标人自主报价，计入投标总价中。

规费、税金项目计价表　　　　　　　　　　　　　　　　　表 5-96

工程名称：某某校电子计算机房采暖工程　　　　　标段：　　　　　　　　　第　页　共　页

序号	项目名称	计算基础	计算基数	计算费率（％）	金额（元）
1	规费	定额人工费			
1.1	社会保险费	定额人工费			
(1)	养老保险费	定额人工费	根据工程实际情况编制费用预算		
(2)	失业保险费	定额人工费		2.44	323.41
(3)	医疗保险费	定额人工费		7.32	970.24
(4)	工伤保险费	定额人工费		1.22	161.71
(5)	生育保险费	定额人工费			
1.2	住房公积金	定额人工费			
1.3	工程排污费	按工程所在地环境保护部门收取标准,按实计入		1.3	172.31
2	税金	分部分项工程费＋措施项目费＋其他项目费＋规费－按规定不计税的工程设备金额		3.41	4304.42
	合计				6870.92

编制人（造价人员）：　　　　　　　　　　　　　　　复核人（造价工程师）：

5.6 某学校教学楼公共卫生间给水排水工程量计算

1. 某学校教学楼公共卫生间给水排水工程量计算

（1）工程量计算

1）给水系统

① $DN32$：6.86m

埋地：JL—2、JL—3 中 $DN32$ 埋地均为 0.40m，总共为 0.80m。

明装：JL—2、JL—3 中为前 4 个大便器供水管为 $DN32$，工程量为 $[(0.5-0.12-0.05)+0.9×3]×2=6.06$m，其中 0.12 为半墙厚，0.05 为给水管距墙面的距离。

② $DN25$：7.35m

埋地：JL—1 中 $DN25$ 埋地部分为 0.40m。

明装：JL—1 中第三个小便器之前的供水管为 $DN25$，工程量为 $1.0+(0.92-0.12-0.05)+0.8×2=2.35$m。JL—2、JL—3 中为最后两个大便器供水管为 $DN25$，工程量为 $0.9×2×2=3.6$m，故 $DN25$ 总工程量为 $3.35+3.6$m$=6.95$m 。

③ $DN20$：8.23m

埋地：JL—4 中 $DN20$ 埋地部分为 0.40m。

明装：JL—1 中从第三个小便器到盥洗槽第二个水龙头之间全部为 $DN20$ 管从平面图中算得它的工程量为 $0.8+1.0+0.4+0.8+0.8+0.7=4.5$m，JL—4 中地面以上立管部分为 $DN20$，工程量为 1.0m，另外为盥洗槽的水龙头供水管也为 $DN20$，工程量为 $(0.3-0.12-0.05)0.8+0.7×2=2.33$m，故 $DN20$ 明装部分的总工程量为 $4.5+1.0+2.33=7.83$m。

④ $DN15$：2.3m

JL—1 中为盥洗槽最后一个水龙头供水的管为 $DN15$ 管，工程量为 0.7m 、JL—4 中为最后的拖布池供水的管为 $DN15$，工程量为 $0.8+0.8=1.6$m，故 $DN15$ 总的工程量为 $0.7+1.6$m$=2.3$m。

2）排水系统

① $DN100$：11.86m

PL—2、PL—3 中全部为 $DN100$ 管，工程量为 $[(0.5-0.12-0.15)+0.9×5+1.20]×2=11.86$m，其他排水立管及支管中无 $DN100$ 管，故 $DN100$ 总的工程量就是 11.86m 。

② $DN75$：8.36m

从 PL—1 中从拖布池以前的排水干管和立管均为 $DN75$。工程量为 $0.4+1.0+0.8+0.8+0.8(0.9-0.12-0.15)+1.20=5.63$m，PL—4 中从盥洗槽之后的干管及立管为 $DN75$，工程量为 $0.7+0.8+(0.3-0.12-0.15)+1.20=2.73$m，故 $DN75$ 总的工程量为 $5.63+2.73=8.36$m。

③ $DN50$：4.2m

PL—1 中的地漏和盥洗槽的排水干管为 $DN50$，工程量为 $0.8+0.7=1.5$m。

PL—4 中地漏和拖布池的排水干管为 $DN50$，工程量为 $0.4+0.8+0.8+0.7=2.7m$。故 $DN50$ 总的工程量为 $1.5+2.7=4.2m$。

（2）卫生器具安装

① 蹲式大便器（自闭式冲洗）12 套。

② 挂斗式小便器安装 4 套。

③ $DN15mm$ 水龙头安装 8 个。

④ $DN50mm$ 地漏 4 个。

（3）工程量汇总

见表 5-97、表 5-98。

镀锌钢管工程量汇总表　　　　　表 5-97

规格	单位	工 程 量	备注
$DN32$	m	0.80	埋地
$DN32$	m	6.06	明装
$DN25$	m	0.40	埋地
$DN25$	m	6.93	明装
$DN20$	m	0.40	埋地
$DN20$	m	7.83	明装
$DN15$	m	2.30	明装

排水铸铁管工程量汇总表　　　　　表 5-98

规格	单位	工 程 量	备注
$DN100$	m	11.86	
$DN75$	m	8.36	均为排水铸铁管，水泥接口
$DN50$	m	4.20	

（4）刷油量计算

1）镀锌钢管

埋地管刷沥青二度，每度的工程量为：

$DN32$：$0.80\times0.133=0.106m^2$

$DN25$：$0.40\times0.105=0.042m^2$

$DN20$：$0.40\times0.08=0.032m^2$

明管刷两道银粉，每道的工程量为：

$DN32$：$6.06\times0.133=0.806m^2$

$DN25$：$6.93\times0.105=0.728m^2$

$DN20$：$7.83\times0.08=0.626m^2$

$DN15$：$2.30\times0.07=0.161m^2$

2）铸铁排水管

铸铁排水管刷沥青两遍：

$DN100$：$11.86\times0.49=5.811m^2$

DN75：$8.36 \times 0.36 = 3.010 \text{m}^2$

DN50：$4.2 \times 0.254 = 1.067 \text{m}^2$

注：管道油漆工程量的计算是根据管道长度和每米油漆面积，每米油漆面积可查表。

具体见表5-99、表5-100。

室内给水排水工程施工图预算表　　　　　　　　　　　表 5-99

工程名称：给水排水工程

序号	定额编号	分项工程名称	定额单位	工程量	单价(元)	其中(元)			合价
						人工费	材料费	机械费	
1	8-90	镀锌钢管安装（埋地）DN32	10m	0.08	86.16	51.08	34.05	1.03	6.89
2	8-90	镀锌钢管安装 DN32	10m	0.61	86.16	51.08	34.05	1.03	52.56
3	8-89	镀锌钢管安装（埋地）DN25	10m	0.04	83.51	51.08	31.40	1.03	3.34
4	8-89	镀锌钢管安装 DN25	10m	0.69	83.51	51.08	31.40	1.03	57.62
5	8-88	镀锌钢管安装（埋地）DN20	10m	0.04	66.72	42.49	24.23	—	2.67
6	8-88	镀锌钢管安装 DN20	10m	0.78	66.72	42.49	24.23	—	52.04
7	8-87	镀锌钢管安装 DN15	10m	0.23	65.45	42.49	22.96	—	15.05
8	8-146	镀锌管安装 DN100	10m	1.19	357.39	80.34	277.05	—	425.29
9	8-145	镀锌管安装 DN75	10m	0.84	249.18	62.23	186.95	—	209.31
10	8-144	铸铁管安装 DN50	10m	0.42	133.41	52.01	81.40	—	56.03
11	11-56	管道刷银粉第一遍	10m²	0.23	11.31	6.5	4.81	—	2.60
12	11-57	管道刷银粉第二遍	10m²	0.23	10.64	6.27	4.37	—	2.45
13	11-66	管道刷沥青第一遍	10m²	1.01	8.04	6.50	1.54	—	8.12
14	11-67	管道刷沥青第二遍	10m²	1.01	10.64	6.27	1.37	—	10.75
15	8-413	蹲式大便器	10套	1.2	1812.01	167.42	1644.59	—	2174.41
16	8-418	挂斗式小便器	10套	0.4	432.33	78.02	354.31	—	172.93
17	8-438	水龙头 DN15	10个	0.8	7.48	6.50	0.98	—	5.98
18	8-447	地漏 DN50	10个	0.4	55.88	37.15	18.73	—	22.35
合计									3280.39

分部分项工程量清单与计价表

表 5-100

工程名称：给水排水工程　　　　　　　标段：　　　　　　　　　　　第　页　共　页

序号	项目编码	项目名称	项目特征描述	计量单位	工程量	金额（元）		
						综合单价	合价	其中：暂估价
1	031001001001	镀锌钢管 DN32	埋地,给水系统,螺纹连接,刷沥青两遍	m	0.80	35.34	28.27	
2	031001001002	镀锌钢管 DN32	给水系统,螺纹连接,刷银粉两遍	m	6.06	35.42	214.65	
3	031001001003	镀锌钢管 DN25	埋地,给水系统,螺纹连接,刷沥青两遍	m	0.40	31.52	12.61	
4	031001001004	镀锌钢管 DN25	给水系统,螺纹连接,刷银粉两遍	m	6.93	31.63	219.20	
5	031001001005	镀锌钢管 DN20	埋地给水系统,螺纹连接,刷沥青两遍	m	0.40	24.06	9.62	
6	031001001006	镀锌钢管 DN20	给水系统,螺纹连接,刷银粉两遍	m	7.83	24.12	188.86	
7	031001001007	镀锌钢管 DN15	给水系统,螺纹连接,刷银粉两遍	m	2.30	22.13	50.90	
8	031001005001	承插铸铁管 DN100	排水系统,水泥接口,刷沥青两遍	m	11.86	94.38	1119.35	
9	031001005002	承插铸铁管 DN75	排水系统,水泥接口,刷沥青两遍	m	8.36	71.50	597.74	
10	031001005003	承插铸铁管 DN50	排水系统,水泥接口,刷沥青两遍	m	4.20	44.05	185.01	
11	031004006001	大便器	蹲式,自闭式冲洗	套	12	272.81	3273.72	
12	031004007001	小便器	普通挂式	套	4	102.46	409.84	
13	031004014001	水龙头	DN15	个	8	4.77	38.16	
14	031004014002	地漏	DN50	个	4	27.49	109.96	
		本页小计						
		合计					6457.89	

2. 某学校教学楼公共卫生间给水排水工程量清单综合单价分析

见表 5-101～表 5-114。

工程量清单综合单价分析表　　　　表 5-101

工程名称：给水排水工程　　　　标段：　　　　第 1 页　共 14 页

项目编码	031001001001	项目名称	镀锌钢管 DN32(埋地)	计量单位	m	工程量	0.80

清单综合单价组成明细

定额编号	定额名称	定额单位	数量	单价				合价			
				人工费	材料费	机械费	管理费和利润	人工费	材料费	机械费	管理费和利润
8-90	镀锌钢管 DN32	10m	0.1	51.08	34.05	1.03	110.03	5.108	3.405	0.103	11.003
11-66	管道刷沥青第一遍	10m²	0.013	6.50	1.54	—	14.00	0.085	0.020	—	0.182
11-67	管道刷沥青第二遍	10m²	0.013	6.27	1.37	—	13.51	0.082	0.018	—	0.176
人工单价		小计						5.275	3.443	0.103	11.361
23.22 元/工日		未计价材料费						15.16			
清单项目综合单价								35.34			

材料费明细	主要材料名称、规格、型号			单位	数量	单价(元)	合价(元)	暂估单价(元)	暂估合价(元)
	镀锌钢管 DN32			m	1.02	14.86	15.16		
	其他材料费								
	材料费小计						15.16	—	—

工程量清单综合单价分析表　　　　表 5-102

工程名称：给水排水工程　　　　标段：　　　　第 2 页　共 14 页

项目编码	031001001002	项目名称	镀锌钢管 DN32	计量单位	m	工程量	6.06

清单综合单价组成明细

定额编号	定额名称	定额单位	数量	单价				合价			
				人工费	材料费	机械费	管理费和利润	人工费	材料费	机械费	管理费和利润
8-90	镀锌钢管 DN32	10m	0.1	51.08	34.05	1.03	110.03	5.108	3.405	0.103	11.003
11-56	管道刷银粉第一遍	10m²	0.013	6.50	4.81	—	14.00	0.085	0.063	—	0.182
11-57	管道刷银粉第二遍	10m²	0.013	6.27	4.37	—	13.51	0.082	0.057	—	0.176
人工单价		小计						5.275	3.525	0.103	11.361
23.22 元/工日		未计价材料费						15.16			
清单项目综合单价								35.42			

续表

	主要材料名称、规格、型号	单位	数量	单价（元）	合价（元）	暂估单价（元）	暂估合价（元）
材料费明细	镀锌钢管 DN32	m	1.02	14.86	15.16		
	其他材料费						
	材料费小计				15.16	—	—

工程量清单综合单价分析表　　　　　　　　　表 5-103

工程名称：给水排水工程　　　　　　　标段：　　　　　　　　第 3 页　共 14 页

项目编码	031001001003	项目名称	镀锌钢管 DN32（埋地）		计量单位	m	工程量	0.40

清单综合单价组成明细

定额编号	定额名称	定额单位	数量	单价				合价			
				人工费	材料费	机械费	管理费和利润	人工费	材料费	机械费	管理费和利润
8-89	镀锌钢管 DN25	10m	0.1	51.08	31.40	1.03	110.03	5.108	3.140	0.103	11.003
11-66	管道刷沥青第一遍	10m²	0.01	6.50	1.54	—	14.00	0.065	0.015	—	0.14
11-67	管道刷沥青第二遍	10m²	0.01	6.27	1.37	—	13.51	0.063	0.014	—	0.14
人工单价			小计					5.236	3.169	0.103	11.283
23.22 元/工日			未计价材料费					11.73			
清单项目综合单价								31.52			

	主要材料名称、规格、型号	单位	数量	单价（元）	合价（元）	暂估单价（元）	暂估合价（元）
材料费明细	镀锌钢管 DN25	m	1.02	11.50	11.73	—	—
	其他材料费						
	材料费小计				11.73	—	—

工程量清单综合单价分析表　　　　　　　　　表 5-104

工程名称：给水排水工程　　　　　　　标段：　　　　　　　　第 4 页　共 14 页

项目编码	031001001004	项目名称	镀锌钢管 DN32		计量单位	m	工程量	6.93

清单综合单价组成明细

定额编号	定额名称	定额单位	数量	单价				合价			
				人工费	材料费	机械费	管理费和利润	人工费	材料费	机械费	管理费和利润
8-89	镀锌钢管 DN25	10m	0.1	51.08	31.40	1.03	110.03	5.108	3.140	0.103	11.003
11-56	管道刷银粉第一遍	10m²	0.011	6.50	4.81	—	14.00	0.072	0.053	—	0.154

续表

定额编号	定额名称	定额单位	数量	单价				合价			
				人工费	材料费	机械费	管理费和利润	人工费	材料费	机械费	管理费和利润
11-57	管道刷银粉第二遍	10m²	0.011	6.27	4.37	—	13.51	0.069	0.048	—	0.149
人工单价			小计					5.249	3.241	0.103	11.306
23.22 元/工日			未计价材料费					11.73			
清单项目综合单价								31.63			

材料费明细	主要材料名称、规格、型号			单位	数量	单价(元)	合价(元)	暂估单价(元)	暂估合价(元)
	镀锌钢管 DN25			m	1.02	11.50	11.73	—	—
	其他材料费								
	材料费小计						11.73	—	—

工程量清单综合单价分析表   表 5-105

工程名称：给水排水工程   标段：   第 5 页 共 14 页

项目编码	031001001005	项目名称	镀锌钢管 DN32(埋地)	计量单位	m	工程量	0.40

清单综合单价组成明细

定额编号	定额名称	定额单位	数量	单价				合价			
				人工费	材料费	机械费	管理费和利润	人工费	材料费	机械费	管理费和利润
8-88	镀锌钢管 DN20	10m	0.1	42.49	24.23	—	91.52	4.249	2.423	—	9.152
11-66	管道刷沥青第一遍	10m²	0.008	6.50	1.54	—	14.00	0.052	0.012	—	0.112
11-67	管道刷沥青第二遍	10m²	0.008	6.27	1.37	—	13.51	0.047	0.011	—	0.108
人工单价			小计					4.348	2.446	—	9.372
23.22 元/工日			未计价材料费					7.89			
清单项目综合单价								24.06			

材料费明细	主要材料名称、规格、型号			单位	数量	单价(元)	合价(元)	暂估单价(元)	暂估合价(元)
	镀锌钢管 DN20			m	1.02	7.74	7.89	—	—
	其他材料费								
	材料费小计						7.89	—	—

工程量清单综合单价分析表　　　　表 5-106

工程名称：给水排水工程　　　　　标段：　　　　　　　第 6 页　共 14 页

项目编码	031001001006	项目名称	镀锌钢管 DN20		计量单位	m	工程量	7.83

清单综合单价组成明细

定额编号	定额名称	定额单位	数量	单价				合价			
				人工费	材料费	机械费	管理费和利润	人工费	材料费	机械费	管理费和利润
8-88	镀锌钢管 DN20	10m	0.1	42.49	24.23	—	91.52	42.49	2.423	—	9.152
11-56	管道刷银粉第一遍	10m²	0.008	6.50	4.81	—	14.00	0.052	0.038	—	0.112
11-57	管道刷银粉第二遍	10m²	0.008	6.27	4.37	—	13.51	0.050	0.050	—	0.108
人工单价			小计					4.351	2.511		9.372
23.22 元/工日			未计价材料费					7.89			
清单项目综合单价								24.12			

材料费明细	主要材料名称、规格、型号	单位	数量	单价(元)	合价(元)	暂估单价(元)	暂估合价(元)
	镀锌钢管 DN20	m	1.02	7.74	7.89	—	—
	其他材料费						
	材料费小计				7.89		

工程量清单综合单价分析表　　　　表 5-107

工程名称：给水排水工程　　　　　标段：　　　　　　　第 7 页　共 14 页

项目编码	031001001007	项目名称	镀锌钢管 DN15		计量单位	m	工程量	2.30

清单综合单价组成明细

定额编号	定额名称	定额单位	数量	单价				合价			
				人工费	材料费	机械费	管理费和利润	人工费	材料费	机械费	管理费和利润
8-87	镀锌钢管 DN15	10m	0.1	42.49	22.96	—	91.52	4.249	2.296	—	9.152
11-56	管道刷银粉第一遍	10m²	0.007	6.50	4.81	—	14.00	0.046	0.034	—	0.098
11-57	管道刷银粉第二遍	10m²	0.007	6.27	4.37	—	13.51	0.044	0.031	—	0.095
人工单价			小计					4.339	2.361		9.345
23.22 元/工日			未计价材料费					6.089			
清单项目综合单价								22.13			

材料费明细	主要材料名称、规格、型号	单位	数量	单价(元)	合价(元)	暂估单价(元)	暂估合价(元)
	镀锌钢管 DN15	m	1.02	5.97	6.089	—	—
	其他材料费						
	材料费小计				6.089		

工程量清单综合单价分析表

表 5-108

工程名称：给水排水工程　　　　标段：　　　　　　　　　第 8 页　共 14 页

| 项目编码 | 031001005001 | 项目名称 | | 承插铸铁管 DN100 | | 计量单位 | m | 工程量 | 11.86 |

清单综合单价组成明细

定额编号	定额名称	定额单位	数量	单价				合价			
				人工费	材料费	机械费	管理费和利润	人工费	材料费	机械费	管理费和利润
8-146	承插铸铁管 DN100	10m	0.1	80.34	277.05	—	173.05	8.034	27.71	—	17.31
11-66	管道刷沥青第一遍	10m²	0.05	6.50	1.54	—	14.00	0.33	0.08	—	0.70
11-67	管道刷沥青第二遍	10m²	0.05	6.27	1.37	—	13.51	0.31	0.07	—	0.68
人工单价			小计					8.674	27.86	—	18.69
23.22 元/工日			未计价材料费					39.16			
清单项目综合单价								94.38			

材料费明细	主要材料名称、规格、型号				单位	数量	单价（元）	合价（元）	暂估单价（元）	暂估合价（元）
	承插铸铁排水管 DN100				m	0.89	44.00	39.16	—	—
	其他材料费								—	—
	材料费小计							39.16	—	—

工程量清单综合单价分析表

表 5-109

工程名称：给水排水工程　　　　标段：　　　　　　　　　第 9 页　共 14 页

| 项目编码 | 031001005002 | 项目名称 | | 承插铸铁管 DN75 | | 计量单位 | m | 工程量 | 8.36 |

清单综合单价组成明细

定额编号	定额名称	定额单位	数量	单价				合价			
				人工费	材料费	机械费	管理费和利润	人工费	材料费	机械费	管理费和利润
8-145	承插铸铁管 DN75	10m	0.1	62.23	186.95	—	134.04	6.223	18.70	—	13.40
11-66	管道刷沥青第一遍	10m²	0.036	6.50	1.54	—	14.00	0.234	0.055	—	0.504
11-67	管道刷沥青第二遍	10m²	0.036	6.27	1.37	—	13.51	0.226	0.049	—	0.494
人工单价			小计					6.68	8.80	—	14.40
23.22 元/工日			未计价材料费					31.62			
清单项目综合单价								71.50			

材料费明细	主要材料名称、规格、型号				单位	数量	单价（元）	合价（元）	暂估单价（元）	暂估合价（元）
	承插铸铁排水管 DN75				m	0.93	34.00	31.62	—	—
	其他材料费									
	材料费小计							31.62		

工程量清单综合单价分析表　　　　**表 5-110**

工程名称：给水排水工程　　　　　　标段：　　　　　　　　第 10 页　共 14 页

项目编码	031001005003	项目名称	承插铸铁管 DN50	计量单位	m	工程量	4.20

清单综合单价组成明细

定额编号	定额名称	定额单位	数量	单价				合价			
				人工费	材料费	机械费	管理费和利润	人工费	材料费	机械费	管理费和利润
8-144	承插铸铁管 DN50	10m	0.1	52.01	81.40	—	112.03	5.201	8.146	—	11.203
11-66	管道刷沥青 第一遍	10m²	0.025	6.50	1.54	—	14.00	0.163	0.039	—	0.35
11-67	管道刷沥青 第二遍	10m²	0.025	6.27	1.37	—	13.51	0.157	0.034	—	0.338
人工单价		小计						5.521	8.219	—	11.891
23.22 元/工日		未计价材料费						18.423			
清单项目综合单价								44.05			

	主要材料名称、规格、型号	单位	数量	单价（元）	合价（元）	暂估单价（元）	暂估合价（元）
材料费明细	承插铸铁排水管 DN50	m	0.89	20.7	18.423	—	—
	其他材料费					—	—
	材料费小计				18.423	—	—

工程量清单综合单价分析表　　　　**表 5-111**

工程名称：给水排水工程　　　　　　标段：　　　　　　　　第 11 页　共 14 页

项目编码	031004006001	项目名称	大便器	计量单位	套	工程量	12

清单综合单价组成明细

定额编号	定额名称	定额单位	数量	单价				合价			
				人工费	材料费	机械费	管理费和利润	人工费	材料费	机械费	管理费和利润
8-413	大便器	10 套	0.1	167.42	1644.59	—	260.62	16.742	164.46	—	36.062
人工单价		小计						16.742	164.46	—	36.062
23.22 元/工日		未计价材料费						55.55			
清单项目综合单价								272.81			

	主要材料名称、规格、型号	单位	数量	单价（元）	合价（元）	暂估单价（元）	暂估合价（元）
材料费明细	瓷蹲式大便器	个	1.01	55.00	55.55	—	—
	其他材料费						
	材料费小计				55.55		

工程量清单综合单价分析表

表 5-112

工程名称：给水排水工程　　　　　　　　标段：　　　　　　　　第 12 页　共 14 页

项目编码	031004007001	项目名称		小便器		计量单位	套	工程量	4

清单综合单价组成明细

定额编号	定额名称	定额单位	数量	单价				合价			
				人工费	材料费	机械费	管理费和利润	人工费	材料费	机械费	管理费和利润
8-418	小便器	10 套	0.1	78.02	354.31	—	168.06	7.802	35.431	—	16.806
人工单价			小计					7.802	35.431	—	16.806
23.22 元/工日			未计价材料费					42.42			
清单项目综合单价								102.46			

材料费明细	主要材料名称、规格、型号	单位	数量	单价（元）	合价（元）	暂估单价（元）	暂估合价（元）
	挂斗式小便器	个	1.01	42.00	42.42	—	—
	其他材料费						
	材料费小计				42.42	—	—

工程量清单综合单价分析表

表 5-113

工程名称：给水排水工程　　　　　　　　标段：　　　　　　　　第 13 页　共 14 页

项目编码	0310040014001	项目名称		水龙头		计量单位	个	工程量	8

清单综合单价组成明细

定额编号	定额名称	定额单位	数量	单价				合价			
				人工费	材料费	机械费	管理费和利润	人工费	材料费	机械费	管理费和利润
8-438	水龙头	10 个	0.1	6.50	0.98	—	14.00	0.650	0.098	—	1.400
人工单价			小计					0.650	0.098	—	1.400
23.22 元/工日			未计价材料费					2.626			
清单项目综合单价								4.77			

材料费明细	主要材料名称、规格、型号	单位	数量	单价（元）	合价（元）	暂估单价（元）	暂估合价（元）
	铜水嘴	个	1.01	2.60	2.626	—	—
	其他材料费						
	材料费小计				2.626	—	—

工程量清单综合单价分析表　　　　　　　表 5-114

工程名称：给水排水工程　　　　　　标段：　　　　　　　　第 14 页　共 14 页

项目编码	0310040214002	项目名称		地漏		计量单位	个	工程量	4

清单综合单价组成明细									

定额编号	定额名称	定额单位	数量	单价				合价			
				人工费	材料费	机械费	管理费和利润	人工费	材料费	机械费	管理费和利润
8-447	地漏	10 个	0.1	37.15	18.73	—	80.02	3.715	1.873	—	8.002
人工单价		小计						3.715	1.873	—	8.002
23.22 元/工日		未计价材料费						13.9			
清单项目综合单价								27.49			

材料费明细	主要材料名称、规格、型号				单位	数量	单价(元)	合价(元)	暂估单价(元)	暂估合价(元)
	地漏				个	1	13.9	13.9	—	—
	其他材料费									
	材料费小计							13.9	—	—

3. 某学校教学楼公共卫生间给水排水工程量招标报价编制

　　　　　某学校教学楼公共卫生间给水排水　　　　　　　工程

招标控制价

　　招标人：　　招标单位专用章　　　　　　　　　　　　　　
　　　　　　　　　　　　（单位盖章）

　　造价咨询人：　　造价工程师或造价员专用章　　　　　　　
　　　　　　　　　　　　　（单位盖章）

　　　　　　　　　　　年　　月　　日

招 标 控 制 价

<u>　　　　某学校教学楼公共卫生间给水排水　　　</u>工程

招标控制价（小写）：<u>　　　6458　　　</u>

（大写）：<u>陆仟肆佰伍拾捌圆</u>

招标人：<u>招标单位专用章</u>
（单位盖章）

造价咨询人：<u>造价工程师单位专用章</u>
（单位资质专用章）

法定代表人
或其授权人：<u>招标单位（法人）</u>
（签字或盖章）

法定代表人
或其授权人：<u>招标单位（法人）专用章</u>
（签字或盖章）

编制人：<u>造价人员专用章</u>
（造价人员签字盖专用章）

复核人：<u>造价工程师专用章</u>
（造价工程师签字盖专用章）

编制时间：年　　月　　日

复核时间：年　　月　　日

总　说　明

工程名称：某学校教学楼公共卫生间给水排水　　　　　　　　　　　　　　第　页　共　页

工程简介：

某学校教学旁边的公共卫生间给水排水设计如图 4-8～图 4-13 所示，教学楼内设置男女厕所各 1 个。女厕设置蹲式大便器 6 个，拖布池 1 个，洗手池 1 个，有 3 个水龙头。男厕设置蹲式大便器 6 个，小便槽 4 个，拖布池 1 个，洗手池 1 个，有 3 个水龙头。男厕、女厕各设置 2 个地漏。

建设项目招标控制价　　　　　　　　　　　　　　　　　　　　**表 5-115**

工程名称：某学校教学楼公共卫生间给水排水　　　　　　　　　　　　　　第　页　共　页

序号	单项工程名称	金额(元)	其中(元)		
			暂估价	安全文明施工费	规费
1	某学校教学楼公共卫生间给水排水	6458	648.1		
	合计				

注：本表适用于建设项目招标控制价或投标报价的汇总。

单项工程招标控制价　　　　　　　　　　　　　　　　　　　　**表 5-116**

工程名称：某学校教学楼公共卫生间给水排水　　　　　　　　　　　　　　第　页　共　页

序号	单项工程名称	金额(元)	其中(元)		
			暂估价	安全文明施工费	规费
1	某学校教学楼公共卫生间给水排水	6458	648.1		
	合计				

注：本表适用于单项工程招标控制价或投标报价的汇总。暂估价包括分部分项工程中的暂估价和专业工程暂估价。

单位工程招标控制价　　　　　　　　　　　　　　　　　　　　**表 5-117**

工程名称：某学校教学楼公共卫生间给水排水工程　　　　标段：　　　　　第　页　共　页

序号	汇总内容	金额(元)	其中：暂估价(元)
1	分部分项工程	6458	648.1
1.1			
1.2			
1.3			

续表

序号	汇总内容	金额(元)	其中:暂估价(元)
1.4			
1.5			
2	措施项目		—
2.1	其中:安全文明施工费		—
3	其他项目		—
3.1	其中:暂列金额		—
3.2	其中:专业工程暂估价		—
3.3	其中:计日工		—
3.4	其中:总承包服务费		—
4	规费		—
5	税金		—
合计=1+2+3+4+5			

注：本表适用于单位工程招标控制价或投标报价的汇总，如无单位工程划分，单项工程也使用本表汇总。

规费、税金项目计价表　　　　　　　　　　　　表 5-118

工程名称：某学校教学楼公共卫生间给水排水工程　　　　标段：　　　　第　页　共　页

序号	项目名称	计算基础	计算基数	计算费率(%)	金额(元)
1	规费	定额人工费			
1.1	社会保险费	定额人工费			
(1)	养老保险费	定额人工费			
(2)	失业保险费	定额人工费			
(3)	医疗保险费	定额人工费			
(4)	工伤保险费	定额人工费			
(5)	生育保险费	定额人工费			
1.2	住房公积金	定额人工费			
1.3	工程排污费	按工程所在地环境保护部门收取标准,按实计入			
2	税金	分部分项工程费+措施项目费+其他项目费+规费-按规定不计税的工程设备金额			
合计					

编制人（造价人员）：　　　　　　　　　　　　　　　复核人（造价工程师）：

第6章 通用安装工程算量解题技巧及常见疑难问题解答

6.1 解题技巧

1. 通用安装工程基础数据的罗列方法

在进行工程算量前，先将计算过程中的基础数据进行罗列，可以有效提高我们的计算速度和正确率。

（1）某电缆配线的安装工程基础数据汇总见表6-1。

某电缆配线的安装工程基础数据汇总 表6-1

项目	位置	长度
管段	室内	5+10＝15m
	室外	100＋120＋80＋10＝310m
电缆沟	上口宽	0.6m
	下口宽	0.4m
	深度	0.9m
	每增加一根电缆,其沟宽增加 0.17m	
每米沟长挖填土方量 (m³)	1～2 根	0.45m³
	每增加一根 0.153m³	0.153m³

（2）北京市某酒楼一层通风空调工程基础数据汇总见表6-2。

北京市某酒楼一层通风空调工程基础数据汇总 表6-2

项目(mm)	位置	管长/台数
管径 1000×320	空调机组ⅠG-5DF 对应的该管段	12.04m
	空调机组ⅠG-5DF 对应的弯管中心弧	1.05π/2
	空调机组ⅠG-5DF 对应的该管段	3.705m
管径 800×320	空调机组ⅠG-5DF 对应的该管段	8.57m
管径 630×320	空调机组ⅠG-5DF 对应的该管段	6.66m
	新风机组ⅠMHW025A 对应的该管段	0.77m
	新风机组ⅠMHW025A 对应的软接	0.30m
	新风机组ⅠMHW025A 的该管段对应的调节阀 630mm×320mm	0.21m
管径 630×250	空调机组ⅠG-5DF 对应的左支管一的弯管中心弧	0.68π/2
	空调机组ⅠG-5DF 对应的左支管一	5.745m
	空调机组ⅠG-5DF 对应的左支管二的弯管中心弧	0.68π/2

续表

项目(mm)	位置	管长/台数
管径 630×250	空调机组ⅠG-5DF 对应的左支管二	5.855m
	空调机组ⅠG-5DF 对应的左支管三的弯管中心弧	0.68π/2
	空调机组ⅠG-5DF 对应的左支管三	5.94m
	新风机组ⅡMHW025A 对应的左支管三	0.87m
	新风机组ⅡMHW025A 对应的软接	0.30m
	新风机组ⅡMHW025A 对应的调节阀 630mm×250mm	0.21m
管径 630×160	新风机组ⅠMHW025A 对应的该管段	0.66m
	新风机组ⅠMHW025A 对应的该管段	3.97m
	新风机组ⅠMHW025A 对应的该管段	3.92m
	新风机组ⅠMHW025A 对应的该管段	4.70m
	新风机组ⅡMHW025A 对应的该管段	1.455m
	新风机组ⅡMHW025A 对应的该管段	0.815m
	新风机组ⅡMHW025A 对应的该管段	7.675m
	新风机组ⅡMHW025A 对应的该管段	1.32m
	新风机组ⅡMHW025A 对应的软接	3.36m
	新风机组ⅡMHW025A 对应的调节阀 630mm×160mm	0.30m
	新风机组ⅡMHW025A 对应的调节阀 630mm×160mm	0.21m
管径 500×250	空调机组ⅠG-5DF 对应的左支管一、二、三	4.495m
管径 500×160	新风机组ⅠMHW025A 对应的该管段	3.885m
	新风机组ⅠMHW025A 对应的该管段	4.81m
	新风机组ⅠMHW025A 对应的该管段	1.85m
	新风机组ⅠMHW025A 对应的该管段	3.73m
	新风机组ⅡMHW025A 对应的该管段	4.185m
	新风机组ⅡMHW025A 对应的该管段	7.02m
	新风机组ⅡMHW025A 对应的该管段	8.325m
	新风机组ⅡMHW025A 对应的该管段	2.74m
管径 400×250	空调机组ⅠG-5DF 对应的左支管一、二、三	4.55m
管径 400×200	空调机组ⅠG-5DF 和ⅡG-5DF 连接的新风管	2.46m
	空调机组ⅠG-5DF 和ⅡG-5DF 连接的新风管的弯管中心弧	0.45π/2
	空调机组ⅠG-5DF 和ⅡG-5DF 连接的新风管	1.41m
	空调机组ⅠG-5DF 和ⅡG-5DF 连接的新风管的弯管中心弧	0.45π/2
	空调机组ⅠG-5DF 和ⅡG-5DF 连接的新风管	1.14m
	空调机组ⅠG-5DF 对应的支管的弯管中心弧	0.37π/2
管径 320×160	空调机组ⅠG-5DF 对应的该管段	0.265m
	空调机组ⅡG-5DF 对应的支管的弯管中心弧	0.37π/2
	空调机组ⅡG-5DF 对应的该管段	2.195m

续表

项目(mm)	位置	管长/台数
管径 250×120	包厢 6 对应的支管的弯管中心弧	0.30π/2
	包厢 6 对应的该管段	2.29m
	包厢 6 对应的蝶阀 250mm×120mm	0.15m
	办公室 9 对应的支管的弯管中心弧	0.30π/2
	办公室 9 对应的该管段	2.195m
	办公室 9 对应的蝶阀 250mm×120mm	0.15m
	办公室 10 对应的支管的弯管中心弧	0.30π/2
	办公室 10 对应的该管段	2.25m
	办公室 10 对应的蝶阀 250mm×120mm	0.15m
	办公室 8 对应的支管的弯管中心弧	0.30π/2
	办公室 8 对应的该管段	2.195m
	办公室 8 对应的蝶阀 250mm×120mm	0.15m
	该工程中 250×120 矩形风管	15.19m
管径 200×120	办公室 1 对应的支管的弯管中心弧	0.25π/2
	办公室 1 对应的该管段	3.075m
	办公室 1 对应的蝶阀 200mm×120mm	0.15m
	办公室 2 对应的支管的弯管中心弧	0.25π/2
	办公室 2 对应的该管段	3.065m
	办公室 4 对应的支管的弯管中心弧	0.25π/2
	办公室 4 对应的该管段	3.07m
	办公室 7 对应的支管的弯管中心弧	0.25π/2
	办公室 7 对应的该管段	2.98m
管径 160×120	包厢 12 对应的支管的弯管中心弧	0.21π/2
	包厢 12 对应的该管段	0.895m
	包厢 12 对应的支管的弯管中心弧	0.21π/2
	包厢 12 对应的该管段	0.20m
	包厢 12 对应的支管的弯管中心弧	0.21π/2
	包厢 12 对应的该管段	1.04m
	包厢 9、10 、11 对应的支管的弯管中心弧	0.21π/2
	包厢 9、10 、11 对应的该管段	2.265m
	包厢 9、10 、11 对应的蝶阀 160mm×120mm	0.15m
	引至包厢 1 对应的该管段	4.92m
	引至包厢 3 对应的该管段	3.46m
	引至包厢 4 对应的该管段	4.94m
	引至包厢 4 对应的该管段的弯管中心弧	0.21π/2

项目(mm)	位置	管长/台数
管径 120×120	包厢 4 对应的支管的弯管中心弧	0.17π/2
	包厢 4 对应的该管段	2.05m
	包厢 4 对应的蝶阀 120mm×120mm	0.15m
	包厢 3 对应的支管的弯管中心弧	0.17π/2
	包厢 3 对应的该管段	2.07m
	包厢 3 对应的蝶阀 120mm×120mm	0.15m
	包厢 2 对应的支管的弯管中心弧	0.17π/2
	包厢 2 对应的该管段	2.065m
	包厢 1 对应的支管的弯管中心弧	0.17π/2
	包厢 1 对应的该管段	2.045m
	包厢 1 对应的蝶阀 120mm×120mm	0.15m
	办公室 3 对应的支管的弯管中心弧	0.17π/2
	办公室 3 对应的该管段	3.15m
	办公室 5 对应的支管的弯管中心弧	0.17π/2
	办公室 5 对应的该管段	3.055m
	办公室 6 对应的支管的弯管中心弧	0.17π/2
	办公室 6 对应的该管段	3.13m
风机盘管 FP-5	办公室 2、4、10　餐厅包厢 1、2、3、4、9、10 、11 、12	21 台
风机盘管 FP-6.3	办公室 1、3、5、6　餐厅包厢 6、7、8	11 台
风机盘管 FP-7.1	办公室 8　餐厅包厢 5	3 台
风机盘管 FP-10	办公室 9	2 台

（3）某校电子计算机房采暖设计工程基础数据汇总见表 6-3。

某校电子计算机房采暖设计工程基础数据汇总　　　　　　　表 6-3

项目	位置	片数/长度
一层每组散热器片数	L1-L15 L17-L30	14 片
二层每组散热器片数	L1-L30	12 片
三层每组散热器片数	L1-L30	13 片
管径 DN80（室内）	供水干管 DN80 的水平长度	0.54m
管径 DN65	总供水干管到分支管一和二的交点处	2.87m
	总回水干管到分支管一和二的交点处	3.01m
管径 DN50	总供水干管到分支管三和四的交点处	1.50m
	分支管一和二的交点处到 L21 之间	11.86m+1.17m
	供水管 L21 和 L22 之间	4.78m
	供水管 L22 和 L23 之间	4.77m
	总回水干管到分支管三和四的交点处之间	1.46m
	分支管一和二的交点处	11.86m+1.02m
	回水管 L21 和 L22 之间	4.78m
	回水管 L22 和 L23 之间	4.77m

续表

项目	位置	片数/长度
管径 DN40	分支管一和二的交点处到供水管 L7	0.25m
	供水管 L7 和 L6 之间	6.62m
	供水管 L6 和 L5 之间	8.70m
	分支管三和四的交点处至供水管 L8	2.59m
	供水管 L8 到 L9 之间	6.30m
	供水管 L9 到 L10 之间	5.79m
	供水管 L10 到 L11 之间	6.83m
	供水管 L11 到 L12 之间	5.26m
	供水管 L23 到 L24 之间	4.82m
	供水管 L24 到 L25 之间	3.58m
	供水管 L25 到 L26 之间	3.65m
	回水管 L7 和 L6 之间	6.42m
	回水管 L6 和 L5 之间	8.70m
	分支管三和四的交点处至回水管 L8	2.47m
	回水管 L8 到 L9 之间	6.52m
	回水管 L9 到 L10 之间	5.58m
	回水管 L10 到 L11 之间	6.90m
	回水管 L11 到 L12 之间	5.42m
	回水管 L23 到 L24 之间	4.82m
	回水管 L24 到 L25 之间	3.58m
	回水管 L25 到 L26 之间	3.65m
管径 DN32	供水管 L3 到 L4 之间	7.13m
	供水管 L4 到 L5 之间	7.28m
	供水管 L12 到 L13 之间	4.91m+2.49m
	供水管 L13 到 L14 之间	7.78m
	供水管 L19 到 L20 之间	4.75m
	20 号供水立管至分支管三和四的交点处	3.65m+11.86m
	供水管 L26 到 L27 之间	3.55m
	供水管 L27 到 L28 之间	3.65m
	回水管 L3 到 L4 之间	7.16m
	回水管 L4 到 L5 之间	7.27m
	回水管 L12 到 L13 之间	4.78m+2.37m
	回水管 L13 到 L14 之间	7.76m
	回水管 L19 到 L20 之间	4.75m
	20 号回水立管至分支管三和四的交点处	3.65m+11.86m
	供水管 L26 到 L27 之间	3.55m
	供水管 L27 到 L28 之间	3.65m

项目	位置	片数/长度
管径 DN20	供水管 L1 到 L2 之间	8.22m
	供水管 L15 到 L16 之间	4.47m
	供水管 L17 到 L18 之间	4.57m
	供水管 L29 到 L30 之间	7.03m
	回水管 L1 到 L2 之间	8.22m
	回水管 L15 到 L16 之间	4.46m
	回水管 L17 到 L18 之间	4.56m
	回水管 L29 到 L30 之间	7.03m
管径 DN15	立管 L1 和 L2 所带的散热器与立管相连接的长度	2.90m
	立管 L3、L7、L8、L10 与散热器相连的长度	0.78m
	立管 L4、L13、L14 与散热器相连的长度	2.3m
	立管 L5 与散热器相连的长度	3.10m
	立管 L6、L9 与散热器相连的长度	4.00m
	立管 L11、L12、L15 与散热器相连的长度	1.16m
	立管 L17-L30 与散热器相连的长度	1.80m

（4）某学校教学公共卫生间给水排水工程基础数据汇总见表 6-4。

某学校教学公共卫生间给水排水工程基础数据汇总　　　　表 6-4

项目	位置		长度
给水系统	管径 DN32	JL-2、JL-3 中 DN32 埋地	0.40m
	管径 DN25	JL-1 中 DN25 埋地部分	0.40m
	管径 DN20	JL-4 中 DN20 埋地部分	0.40m
		JL-4 中地面以上立管部分	1.0m
	管径 DN15	盥洗槽最后一个水龙头供水管	0.7m
		JL-4 中为最后的拖布池供水管	(0.8+0.8)m
排水系统	管径 DN50	PL-1 中的地漏和盥洗槽的排水干管	(0.8+0.7)m

2. 建筑通风空调工程不同分部分项工程的潜在关系

分部工程是单位工程的组成部分，分部工程一般是按单位工程的结构形式、工程部位、构件性质、使用材料、设备种类等的不同而划分的工程项目。分项工程是指分部工程的组成部分，是施工图预算中最基本的计算单位，它又是概预算定额的基本计量单位，故也称为工程定额子目或工程细目，将分部工程进一步划分的。它是按照不同的施工方法、不同材料的不同规格等确定的。具体来说，建筑通风空调工程的分部分项划分如表 6-5 所示。

分部工程是建筑物的一部分或是某一项专业的设备；分项工程是最小的，再也分不下去的，若干个分项工程合在一起就形成一个分部工程，分部工程合在一起就形成一个单位工程，单位工程合在一起就形成一个单项工程，一个单项工程或几个单项工程合在一起构成一个建设的项目。

建筑通风空调工程的分部分项划分　　　　　　表 6-5

序号	分部工程	子分部工程	分项工程
8	通风与空调	送排风系统	风管与配件制作;风管系统安装;空气处理设备安装;部件制作;消声设备制作与安装;风管与设备防腐;风机安装;系统调试
		防排烟系统	风管与配件制作;部件制作;风管系统安装;防、排烟风口常闭正压风口与设备安装;风管与设备防腐;风机安装;系统调试
		除尘系统	风管与配件制作;部件制作;风管系统安装;除尘器与排污设备安装;风管与设备防腐;风机安装;系统调试
		空调风系统	风管与配件制作;部件制作;风管系统安装;空气处理设备安装;消声设备制作与安装;风管与设备防腐;风机安装;系统调试
		净化空调系统	风管与配件制作;部件制作;风管系统安装;空气处理设备安装;消声设备制作与安装;风管与设备防腐;风机安装;风管与设备绝热;系统调试
		制冷系统	制冷机组安装;制冷剂管道及配件安装;制冷附属设备安装;管道及设备的防腐与绝热;系统调试
		空调水系统	管道冷热(媒)水系统安装;冷却水系统安装;冷凝水系统安装;阀门及部件安装;冷却塔安装;水泵及附属设备安装;管道与设备的防腐与绝热;系统调试

3. 怎样巧妙利用通用安装工程前后的计算数据

在进行工程量计算时,可以利用一些前面的数据,使计算过程简化。

(1)清单工程量和定额工程量相比较,当两者计算规则完全相同时,只计算其中一个即可;当两者有所区别时,可以在已经计算过的清单(定额)工程量的基础上进行改动,得到定额(清单)工程量,简化计算步骤。

(2)避免多次重复相同的计算步骤。例如,在进行风管保温层工程量计算时,公式为 $V=2×[(A+1.033\delta)+(B+1.033\delta)]×1.033\delta×L$,每个式子中都有 1.033δ,在第二次计算时就可以借鉴第一次的计算结果,将 1.033δ 当成已知数据进行接下来的计算。

(3)注意每一项工程量之间的联系。例如空调工程中,风管防潮层和保护层的计算公式都是 $S=2×[(A+2.1\delta+0.0082)+(B+2.1\delta+0.0082)]×L$,但一些工程中保护层往往是两层,这样只需将防潮层的工程量乘以 2 即可。

4. 读图与计算技巧简谈

(1)读图技巧

在识读工程图时,要注意遵循一定的顺序,施工图的图纸一般较多,应该先看整体,再看局部;先宏观看图,再微观看。具体步骤如下:

1)初步识读工程整体概况

① 看工程的名称、设计总说明:了解工程概况、工程造价、工程类型。

② 看平面图:了解该层系统的形式,设备的具体设置情况,电缆或管路的走向、标注长度等。

③ 看平面图:在看懂平面图的基础上识读系统图,了解各设备和电缆或管路之间的相互联系,理解整个系统运行原理。

④ 看剖面图:了解电缆或管道、部件及设备的立面及标注尺寸,安装高度。

⑤ 看详图:了解电缆或风管、部件及设备制作安装的具体形式、方法和详细构造及

加工尺寸。

2）进一步识读工程详细情况

在初步识读工程图，对工程有了大致了解的基础上，进一步详细看图，主要看标准层平面图，与其他层进行对比，对各层的系统设置情况有更深入的了解。在此基础上看剖面图，在平面图上找到剖切位置，将两张图结合起来看，形成立体的认识。

3）详看具体细节，进一步了解施工工艺

经过对图纸的整体识读后，结合设计说明与图纸，对一些电缆或管道，设备的具体施工工艺进行了解。例如，电缆的敷设方式，架空或埋地，埋地时是否采用电缆沟直埋铺砂盖砖，有没有加保护套管；空调工程中，管道有没有加保温，保温层厚度，保护层层数，防腐层的厚度等。这些具体的施工工艺都是我们在算量过程中需要涉及的，所以我们在识图时就应该注意。

（2）计算技巧

进行工程量计算时，利用一些技巧，可以帮助我们快速、正确算量：

1）遵循合理的计算顺序

通用安装工程中常用的计算顺序有：

① 按施工顺序计算；

② 按定额项目顺序计算；

③ 按系统走向计算。

例如，电气设备安装工程工程量计算时可以按照以下顺序：

变压器—高低压设备安装—母线、绝缘子—电机、电动葫芦（含接线、检查）—滑触线装置—电缆（电缆头、桥架、穿管数量）—防雷及接地装置—10kV 以下架空配电线路—电气调整试验—配管配线—照明器具—电梯电气装置。

④ 按编号顺序计算。为了防止计算时遗漏，可以在计算前将各部分进行标号，在计算时按照编号顺序进行计算。对于一些比较复杂的系统，可以按照定位轴线顺序进行编号，在计算时比较容易查找。

2）遵循正确的计算规则

① 工程量计算所用的原始数据必须和设计图纸一致；

② 计算口径必须与预算定额一致；

③ 计算单位必须与预算定额一致；

④ 工程量计算规则必须与定额一致；

⑤ 计算时保证数字的精确度。工程量计算的数字一般要精确到小数点后三位，其精确度要达到：立方米（m^3）、平方米（m^2）、米（m）取两位小数；吨（t）取三位小数；千克（kg）、件等取整数。

6.2 常见疑难问题解答

1. 通用安装工程容易出错问题分类汇总

通用安装工程容易出错的问题，主要有以下几个：

（1）电气工程中，接线箱（盒）的制作、安装工程量，各型灯具导引线工程量，控制设备安装工程量算法；

（2）通风空调工程中，渐缩管的工程量算法，薄钢板风管的人工费、机械费算法，不同材质的软管接头工程量算法；

（3）在进行综合单价分析时，怎样快速得到某个项目的综合单价；

（4）分部分项工程量清单与计价表中合价的计算方法；

（5）在套用定额时，如果实际中用到的材料与定额不符或有未计价材料时，应该如何处理；

（6）工程量清单综合单价分析表中，"数量"是如何得到的；

（7）工程量清单综合单价分析表中"材料明细"一栏中，有未计价材料和无未计价材料这两种情况，应该如何处理。

2. 经验工程师的解答

针对以上易错问题，解答如下：

（1）电气工程中，配管工程不包括接线箱（盒）及支架的制作、安装，其制作安装需另外计算；各型灯具的导引线，除注明者外，均已综合考虑在定额内，计算时不得换算；控制设备安装，除限位开关及水位电气信号装置外，其他均为包括支架制作安装。

（2）通风空调工程中，定额中说明整个通风系统设计采用渐缩管均匀送风者，圆形风管应该按平均直径，矩形风管按平均周长执行相应规格项目，其人工费乘以系数 2.5；定额中说明薄钢板风管项目中的板材，如设计要求厚度不同者可以换算，但人工费、机械费不变；定额中说明软管接头使用人造革而不使用帆布者可以换算。

（3）进行综合单价分析时，要将每个清单项目所对应的定额子目都列到相对应的工程量清单综合单价分析表中，例如埋地部分的镀锌钢管 DN40，它所包括的工作内容有镀锌钢管 DN40 的安装、管道刷沥青一遍、管道刷沥青二遍，列全所有的工作内容后，再进行综合单价分析，所有工作内容的各项费用之和即可得到该清单项目的综合单价。

（4）在填写分部分项工程量清单与计价表时，是按工程量清单综合单价分析表中计算出的综合单价乘以工程量而得到的合价。

（5）在套用定额时，如果实际中用到的材料与定额不符或有未计价材料时，应根据变价不变量的原则重新组价。

（6）工程量清单综合单价分析表中，"数量"一栏为各自的定额工程量数量÷该清单项目的清单工程量数量÷定额单位。

（7）工程量清单综合单价分析表中"材料明细"一栏中，如果该清单项目所套用定额中没有未计价材料，则应填写所套用定额中的所有计价材料，相同材料应合并计算；如果有未计价材料，则应填写所有未计价材料，未计价材料的费用应并入直接费中。

3. 经验工程师的训言

（1）在进行通用安装工程量计算时，读懂图纸是首要的关键点，因为一切量的计算都是在图纸的基础上进行的。因此，在读图时一定要认真。

（2）按照一定的顺序，平、立、剖面图与系统图、详图结合，同时参照设计说明、图例、主要设备材料表，对工程具体的情况有一个系统清晰的了解。

（3）算量，是重中之重。在算量前，首先要弄清楚相对应的清单计算规则和定额计算规则再进行计算。

（4）要注意按照一定的顺序，逐一计算，这样才能做到不缺项、不漏项。

（5）结合图纸的具体情况，灵活选用计算顺序和计算方法。也可以根据题干所给的已知条件，并结合所给图示仔细分析该工程量所涉及的清单项目，然后列出相应的项目并求其工程量。

（6）认真分析所列出的清单项目涉及的工程内容，依次查找定额并计算出各自的定额工程量。

（7）套用定额是计算工程量的重点，应根据分项工程名称及其特征准确套用定额。熟练掌握定额及清单，可以帮助我们快速准确地计算出工程量。